Der Wein-Gra

WOLFGANG
JUNGLAS

DER WEIN-GRAF

Erwein Graf Matuschka-Greiffenclau – ein Porträt

LEINPFAD
VERLAG

Für Tracey.

2. Auflage Herbst 2017

Umschlag: kosa-design, Ingelheim unter Verwendung eines Fotos von Wolfgang Junglas (Hintergrund) und dem Archiv Schloss Vollrads (Porträt)
Abbildungsverzeichnis: Archiv Schloss Vollrads: S. 18, 27, 30, 76, 86, 116; Lis Dann: S. 38; FSV Winkel: S. 34; Wolfgang Junglas: S. 8, 14, 20, 23, 62, 96, 101, 102, 106; Marketing Club Mainz-Wiesbaden: S. 72; Rheingau-Taunus Kultur und Tourismus GmbH: S. 48; VDP: S. 54; Torsten Zimmermann: S. 126
Layout: kosa-design für Leinpfad Verlag
Lektorat: Angelika Schulz-Parthu
Druck: wolf print, Ingelheim

Leinpfad Verlag, Leinpfad 5, 55218 Ingelheim,
Tel. 06132/8369, Fax: 896951
E-Mail: info@leinpfadverlag.de
www.leinpfadverlag.com

ISBN 978-3-945782-29-3

INHALT

Vorwort zur 2. Auflage

Ich habe selten so viele Reaktionen auf ein Projekt von mir erlebt wie auf das Buch „Der Wein-Graf". Es vergeht kaum ein Tag, an dem mich nicht ein Leser darauf anspricht. Besonders gelobt wird die gute Lesbarkeit: „Konnte es nicht weglegen, habe ich in einem Zug gelesen!" oder: „Liest sich wie ein spannender Krimi!" Gerade diese Aussagen freuen mich, denn sie rechtfertigen nachträglich meine Entscheidung, das Buch als Reportage anzulegen. Schließlich bin ich Journalist und kein Historiker.

Weiterhin besticht offenbar meine umfangreiche Faktensammlung: Auch wer viel über den Grafen weiß, entdeckt Facetten und Details, die er noch nicht kannte. Sowohl enge Freunde des Grafen wie der Rechtsanwalt Klaus Nieding, der immer noch der Naspa eine Mitschuld am Schicksal des Grafen gibt, als auch Vertreter der Naspa empfehlen das Buch.

Dankbar bin ich aber auch denjenigen, die mir für die zweite Auflage ergänzende Informationen geliefert haben. So wie Markus Graf Matuschka-Greiffenclau, der Neffe des Wein-Grafen, zu den Geschehnissen um das Angebot der Familie im Jahr 1995 und zum tragischen Selbstmord von Graf Ernst, dem jüngeren Bruder von Graf Erwein.

Im Rheingau war der Graf eine Galionsfigur. In diesem Buch geht es mir ausschließlich darum, ein möglichst vollständiges und realistisches Bild der Persönlichkeit des Wein-Grafen, Erwein Graf Matuschka-Greiffenclau, zu zeichnen und die spannende Zeit des Umbruchs in der deutschen Weinwirtschaft in der Zeit von 1975 bis 1997 zu beleuchten.

Ich bedanke mich herzlich bei allen, die mir in langen Interviews ihre Erinnerungen anvertrauten und dazu beigetragen haben, möglichst viele Facetten der Persönlichkeit Graf Erweins zu beleuchten.

Wolfgang Junglas

Der Schlossberg mit dem Sandsteinkreuz.

Hubschrauber über Vollrads

Der 19. August 1997 ist ein Dienstag – und ein wunderschöner Sommertag. Das Licht der aufgehenden Sonne beleuchtet die Weinberge des Rheingaus, dieses idyllischen Stücks Weinlandschaft zwischen Hochheim, Wiesbaden und Rüdesheim.

Das Morgenlicht ist ideal für Fotografen. Karl-Heinz Bergmann ist Gärtner auf Schloss Vollrads und Hobbyfotograf. An diesem Morgen ist er sehr früh unterwegs: Im Morgengrauen will er den Vollmond fotografieren. Er wendet sich zum Greiffenberg, dem kleinen Hügel gleich neben dem Schloss. Auf halber Höhe jedoch ist der Film aufgebraucht – und er kehrt um. Vielleicht hätte er sonst den Grafen bemerkt.

Gegen fünf Uhr morgens wacht Jutta Nikolai, die Lebensgefährtin von Erwein Graf Matuschka-Greiffenclau, nach unruhigem Schlaf auf – der Platz neben ihr im Bett ist unberührt. Bis in die späte Nacht hatte sie mit Graf Erwein über den überraschenden Konkursantrag der Hausbank diskutiert. Beide hatten überlegt, was nun zu tun sei – bis sie sich erschöpft hinlegte. Er wollte noch in sein Büro und erst dann zu Bett gehen – jetzt ist er nicht da.

Beunruhigt eilt sie über den Schlosshof in das kleine Bürogebäude. Auf seinem Schreibtisch findet sie fünf weiße Briefumschläge, sorgfältig beschriftet in der steilen, akkuraten Schrift des Grafen: adressiert an sie, an die fast vierzehnjährige Tochter Francesca, an seinen Freund und Anwalt Klaus Nieding, an das Personal des Schlosses und an die Öffentlichkeit.

Es sind Abschiedsbriefe.

Jutta Nikolai liest hastig den an sie gerichteten Brief und ist entsetzt. Zuerst ruft sie Klaus Nieding an, erzählt von den Abschiedsbriefen: „Mir wird ganz anders, ich hab eine Scheißangst!"

„Ruf sofort die Polizei", rät ihr der Anwalt. Er selbst fährt schnellstens in den Rheingau. Um sechs Uhr siebzehn Uhr geht die Vermisstenmeldung bei der Polizei ein. Von einer bösen Vorahnung getrieben schaut Jutta Nikolai im Waffenkoffer nach: eine Pistole fehlt.

Um halb sieben ist auf Schloss Vollrads üblicherweise Dienstbeginn für die landwirtschaftlichen Mitarbeiter. Als der Gärtner Karl-Heinz Bergmann kurz danach den Schlosshof betritt, sind neben den Arbeitern schon Polizisten da. Schockiert hört er die Nachricht von der Suche nach dem Grafen. Mitarbeiter führen die Polizisten durch die weitläufigen Speicher der Schlossgebäude. Karl-Heinz Bergmann schließt den Schlossgarten auf, geht dann ganz durcheinander in seine Wohnung und weckt seine Tochter Ilka, die im Büro von Vollrads arbeitet.

Gegen sieben Uhr schaut Jutta Nikolai auf dem Greiffenberg nach, ein wunderschöner Platz mit Ruhebank und einem Sandsteinkreuz von 1754. Von hier aus bietet sich ein grandioser Blick auf Oestrich-Winkel, den Rhein und das Schloss mit dem markanten Wohnturm. Vom Grafen aber ist nichts zu sehen und sie geht zurück. Der Anwalt Klaus Nieding trifft ein und kümmert sich zuerst um die Lebensgefährtin des Grafen.

Die Erste Kriminalhauptkommissarin Petra Volk leitet die Presse- und Öffentlichkeitsarbeit beim Polizeipräsidium Westhessen. Von ihrer Wohnung in Ingelheim schaut sie über den Rhein auf den Wohnturm von Schloss Vollrads und den Greiffenberg. Als sie sich an diesem Morgen für ihren Dienst zurechtmacht, sieht sie verwundert einen Polizeihubschrauber über dem Schloss kreisen. Ihr ist sofort klar: Das bedeutet Arbeit für sie. Rasch fährt sie zu ihrer Wiesbadener Dienststelle. Der Polizeiführer, der über den Einsatz von Suchtrupps entscheidet, setzt sie kurz ins Bild: Graf Matuschka-Greiffenclau ist seit ein paar Stunden verschwunden, Abschiedsbriefe wurden gefunden, wegen des unübersichtlichen Waldgebietes wurde ein Suchtrupp in Bewegung gesetzt, großes Medieninteresse ist zu erwarten.

Vom Privatwagen wechselt Petra Volk gleich in den Dienstwagen und fährt nach Vollrads. Sie denkt noch: Ein schöner Morgen. Ein schöner Tag um zu sterben.

Ulla Ernst ist auf Schloss Vollrads für Veranstaltungen zuständig. Sie wohnt nur einen Kilometer vom Schloss entfernt. An diesem Morgen frühstückt sie mit ihrem Mann auf der Terrasse, als kurz nach sieben der Anruf von Vollrads kommt: „Kannst du kommen? Die Polizei sucht den Grafen." Aufgeregt fährt sie gleich hoch – sie kann es sich nicht erklären. Was ist nur passiert?

Als Polizeisprecherin Petra Volk im Schloss eintrifft, ist sie beeindruckt: Trotz der intensiven Suche nach dem Grafen ist es sehr still. Sie kann spüren, wie betroffen die Menschen sind, wie beliebt der Graf ist.

Von dem benachbarten Weingut Fritz Allendorf wird der ehemalige Vollrads-Mitarbeiter Mathias Ganswohl geholt. Er weiß, wo die Schlüssel für den Wohnturm sind. Aber auch im historischen Turm ist der Graf nicht zu finden.

Ulla Ernst wird gleich von der Polizeisprecherin in Empfang genommen: Sie gibt ihr Ratschläge, wie sie sich verhalten soll, was sie am Telefon zu Anrufern sagen soll. Der Schreibtisch des Grafen in seinem Büro ist aufgeräumt, fast leer. Ulla Ernst ist überrascht: Normalerweise ist er belegt mit akkuraten Stapeln und mit vielen Unterlagen. Sie überlegt, wo der Graf sein könnte, hat aber keine Idee.

Ein Weinbergsarbeiter sagt: „Guckt doch mal am Kreuz nach."

Zwei Rüdesheimer Polizeibeamte machen sich auf zum Kreuz auf den Greiffenberg – sie finden den Grafen um neun Uhr sieben. Er liegt hinter der Holzbank, parallel zum Weg, mit dem Gesicht talwärts. Der Tod ist zwischen sieben und neun Uhr eingetreten. Der Graf hat sich mit seinem eigenen achtunddreißiger Revolver erschossen. Den Schuss hat niemand gehört – wahrscheinlich wurde er vom Geräusch des Polizeihubschraubers übertönt.

Die Pressesprecherin der Polizei und die Lebensgefährtin des Grafen stehen in der Nähe des Schlosses, als die Meldung kommt: „Wir haben ihn am Kreuz gefunden." Mit Klaus Nieding fährt Jutta Nikolai in seinem Land Rover hoch zur Bank neben dem Kreuz: Beide identifizieren offiziell den Grafen.

Eine Weile sitzt die Polizistin mit Jutta Nikolai auf der Bank. Der Fall ist für die Beamtin keine Routine: Bewegt hält sie der Weinenden die Hand und hört zu, wie ihr die junge Frau ihre Geschichte erzählt. Noch lange muss Petra Volk daran denken, wie seltsam es ist, dass sie sich in diesem Moment dieser für sie wildfremden Frau so verbunden fühlt.

Klaus Nieding ruft alle Angestellten in das Gutsrestaurant. Erschüttert teilt er ihnen den Tod des Grafen mit. Die Vollradser, wie sie sich nennen, verstehen sich mehr als Familie denn als Firma. Alle sind geschockt, versteinert – sie können es nicht fassen. Karl-Heinz Bergmann geht in die Gärtnerei. Die Pressevertreter kommen. Der Gärtner wendet sich ab, ihm ist nicht nach reden zumute.

Mehrere Fernsehteams sind eingetroffen, wollen Interviews. Für die ARD berichtet Holger Weinert vom Hessischen Rundfunk. Sein Fernsehbericht wird in der Tagesschau und den Tagesthemen gesendet – der Selbstmord des Grafen ist ein Ereignis von bundesweitem Interesse. Die Medienvertreter wollen zum Fundort der Leiche: Die Polizei sichert den Greiffenberg mit Absperrband ab. Durch den Wald schleicht sich von hinten ein Fotograf an und fotografiert heimlich den toten Grafen. Das Foto erscheint am nächsten Tag auf der ersten Seite der BILD Regionalausgabe Mainz/Wiesbaden. Der Presserat wird die Veröffentlichung später rügen.

Silvia Diemer ist Geschäftsführerin des Rheingauer Weinbauverbandes, Graf Erwein war der Präsident. Auf dem Weg zu ihrem Büro hört sie schon im Radio, dass auf Vollrads etwas passiert sein soll. Sie versucht, auf dem Schloss anzurufen – lange kommt sie nicht durch, es ist immer besetzt. Nach einer gefühlten Ewigkeit schafft sie es und erreicht Ulla Ernst, sie bestätigt ihr den Freitod. Silvia Diemer schließt die Geschäftsstelle, gibt Anweisung, Telefonanrufe nicht mehr zu beantworten. Sie fährt nach Winkel zum Stellvertreter des Grafen, dem Winzer Richard Nägler. Beide sind sehr betroffen. Beide weinen.

In Würzburg im renommierten Weingut Staatlicher Hofkeller nimmt Weingutsdirektor Dr. Rowald Hepp den Telefonhörer ab. Wilhelm Weil vom deutschen Spitzenweingut Weil ruft ihn an: Graf Erwein ist tot.

Rowald Hepp ist sprachlos, schockiert, erschüttert. Erst vor Kurzem hatte er ein wirtschaftliches Wertgutachten über Schloss Vollrads erstellt. Graf Erwein hatte auf ihn immer so stark gewirkt, nie schwach. Wie konnte es nur zu diesem Selbstmord kommen?

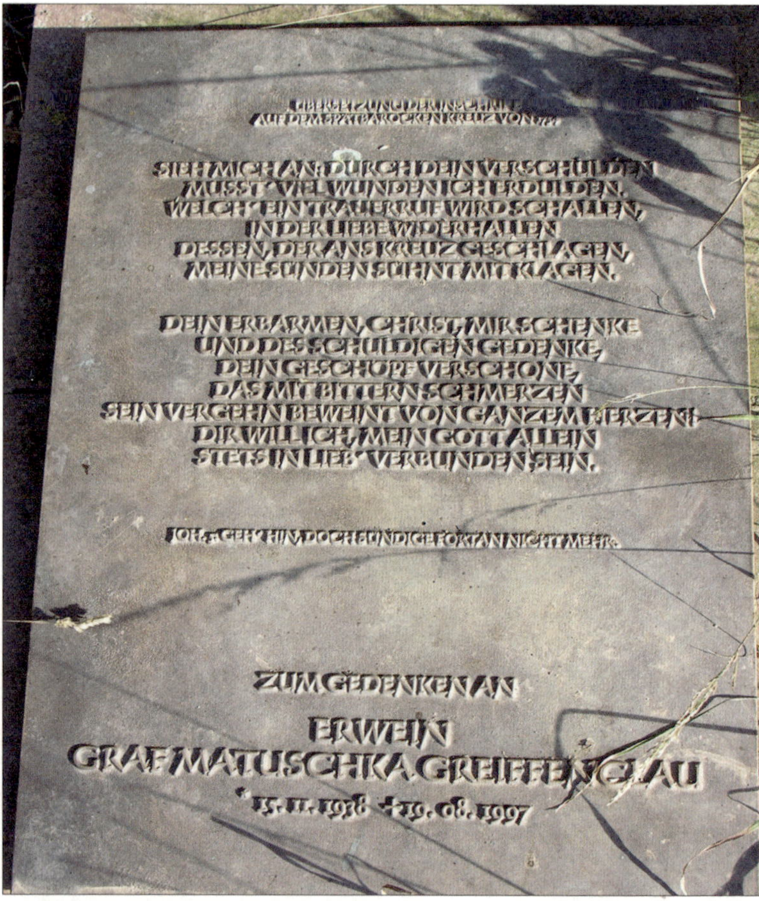

Gedenkplakette auf dem Schlossberg.

Wieder am Greiffenberg

Auch der 19. August 2009, ein Mittwoch, ist ein wunderschöner Sommertag – wie zwölf Jahre zuvor. Seit den tragischen Ereignissen meide ich den beschaulichen Hügel mit dem Kreuz und den Bänken neben Schloss Vollrads. An den Rebstöcken hängen große Trauben – der 2009er Wein sieht vielversprechend aus. Beim Aufstieg zwischen den Rebzeilen zu dem kleinen Hügel begegnet mir Karl-Heinz Bergmann, der ehemalige Gärtner von Schloss Vollrads. Mittlerweile ist er in Rente. „In den ersten Jahren haben sich alle Angestellten am Todestag am Kreuz getroffen", erzählt er. Heute ist er alleine da, Rosen aus dem Schlossgarten hat er oben am Kreuz abgelegt. „Die gehören ja ihm, sozusagen", ergänzt er versonnen.

Zum ersten Mal seit Jahren besuche ich das Kreuz am Greiffenberg. Ich gehe mit meinem Hund den steilen Hügel nach oben und setze mich auf die Bank – an dem Ort, an dem Graf Erwein auf den Tag genau vor zwölf Jahren um diese Uhrzeit starb. Links neben dem Kreuz wurde ein Gedenkstein aufgestellt. Der Text auf der Metallplatte ist die deutsche Übersetzung der lateinischen Inschrift in dem barocken Sandsteinkreuz von 1754, wie sie der Rheingau Historiker und ehemalige Domänenrat von Schloss Johannisberg Dr. h. c. Josef Staab aufgeschrieben hat:

Sieh mich an: Durch dein Verschulden
Musst' viel Wunden ich erdulden.
Welch ein Trauerruf wird schallen,
in der Liebe widerhallen
Dessen, der ans Kreuz geschlagen,
meine Sünden sühnt mit Klagen.
Dein Erbarmen, Christ, mir schenke
Und des Schuldigen gedenke,
Dein Geschöpf verschone, das mit bittern Schmerzen
Sein Vergehn beweint von ganzem Herzen!

Dir will ich, mein Gott allein,
stets in Lieb' verbunden sein.
Joh. 5: Geh' hin, doch sündige fortan nicht mehr.

Zum Gedenken an Erwein Graf Matuschka Greiffenclau
** 15.11.1938 † 19.8.1997*

An diesem Mittwoch kommen zwei Nordic Walkerinnen am Kreuz vorbei. Die Ältere zeigt der Jüngeren das Kreuz und den Gedenkstein. „Heute ist sein Todestag", sage ich. Die Ältere antwortet: „Ich kannte ihn, ich habe im Gutsausschank gearbeitet. Der Graf hätte sich nicht umbringen müssen." Zu ihrer Begleiterin gewandt bemerkt sie: „Da beten wir mal für den Grafen."

Die kurze Szene mit der Andacht der beiden Frauen aus Oestrich führt mir wieder eindringlich vor Augen, welche Bedeutung Graf Erwein für die Rheingauer hat. Er war zudem ein Adliger wie aus dem Bilderbuch, eine stattliche Erscheinung, ein eleganter Mann von Welt mit einem Schloss, mit einer über tausendjährigen Familiengeschichte, in der Weinbau seit dem Jahr 1211 dokumentiert ist. Die Herren von Winkel, später Vollrads, blicken zurück auf eine lange Reihe von siebenundzwanzig Generationen mit Kurfürsten und Fürstbischöfen. Sie sind eine der ältesten weinbautreibenden Familien der Welt. In der deutschen Geschichte und im Rheingau spielten sie eine bedeutende Rolle. „Der Graf" ist eine Leitfigur in der Region.

„Er hätte sich nicht umbringen müssen" – so denken viele Leute heute noch im Rheingau, sie fühlen sich vom Präsidenten des Rheingauer Weinbauverbandes, einem der glanzvollsten Vertreter der weltbekannten Weinbauregion, verlassen. Graf Erwein ist heute immer noch präsent, nicht nur in Weinbaukreisen. Als das Wiesbadener Tagblatt im Herbst 2008 eine Serie über Schloss Vollrads und Graf Matuschka abdruckte, erhöhte sich die Auflage im Rheingau deutlich.

Der Selbstmord berührte über die Region hinaus viele Menschen in Deutschland: Das tragische Ereignis war den nationalen Zeitungen eine Schlagzeile wert. Mit einer Serie heizte die BILD-Zeitung die Spekulationen an, die Gläubigerbank hätte ihn in den Tod getrieben. In der Weinfachpresse wurde über Mitschuldige an dem Selbstmord gestritten: Schlechte Weinkritiken hätten zur Misere von Schloss Vollrads beigetragen.

An diesem Mittwoch, zwölf Jahre nach dem Selbstmord, schaue ich über die Rebzeilen hinunter zum Rhein. Murmelgroße grüne Trauben hängen an den Rebstöcken. Dieses Panorama an einem ähnlich schönen Sommertag muss der Graf auch erblickt haben. Der Blick auf den Wohnturm und das Schloss war wohl das Letzte, das der Graf gesehen hat. Vom Rhein unten tönt Geschäftigkeit herauf, aus dem Wald hinter mir höre ich nur ein paar Vögel singen. Ich versuche zu verstehen, was Graf Erwein zum Selbstmord veranlasst hat.

Bei Weinveranstaltungen habe ich den Grafen mehrfach getroffen. Wie viele war ich von seiner Ausstrahlung, seinen Visionen und seinem Redetalent beeindruckt. Er hat den Rheingauer und auch den deutschen Wein national und international verkörpert und vertreten wie kaum ein Anderer. Ein Patron, eine Vaterfigur in der Region, ein Botschafter und Aushängeschild. Ein stattlicher Mann, den die Frauen bewunderten. Vater von zwei Töchtern, der Wein-Graf im wunderschönen Schloss Vollrads – wie konnte er all dies nur aufgeben? Ein Selbstmord im idyllischen Rheingau, sozusagen im Paradies, erscheint mir so widersinnig.

Neben dem Vorzeige-Adligen versuche ich den Menschen zu verstehen und begebe mich auf eine Spurensuche. Die Geschichte von Schloss Vollrads scheint mir ein guter Anfang zu sein, um der Familie Matuschka-Greiffenclau näher zu kommen. Der ehemalige Gärtner Karl-Heinz Bergmann bietet mir eine Führung durch Schloss Vollrads an, die ich gerne annehme. Just an diesem Tag feiert der Verband der Prädikatsweingüter VDP mit einem Weinbergsleuchten am Johannisberg sein hundertjähriges Bestehen. Graf Erwein war zwölf Jahre lang, von 1978 bis 1990, der Vorsitzende dieses Vereins der zweihundert führenden deutschen Weingüter. Die wunderschöne Veranstaltung hätte ihm sicherlich gefallen.

Schloss Vollrads um 1700: Vor dem bis heute erhaltenen Turm steht damals noch ein zweiter.

Ein Schloss am Wasserturm

Schloss Vollrads liegt, anders als bei Burgen und Schlössern im Mittelgebirge sonst üblich, nicht auf einer Anhöhe, sondern in einer Talmulde, so wie Klöster sich häufig ansiedeln. Auf einen stolzen, weitreichenden Ausblick wie beim benachbarten Schloss Johannisberg oder eine strategisch günstige, schwer einnehmbare Höhenlage wie bei den Burgen am Mittelrhein wurde bewusst verzichtet. Diese Lage gibt dem Ensemble einen beschaulich-friedlichen Charakter.

Karl-Heinz Bergmann erwartet mich am Schlosseingang. Seit seiner Pensionierung als Gärtner ist er das Faktotum auf dem Schloss. Er hilft bei Veranstaltungen, führt Besuchergruppen durch das Anwesen, studiert die Geschichte von Vollrads und richtet die öffentlich zugänglichen Räume nach Möglichkeit in ihrem Originalzustand her.

Mit vierunddreißig Jahren kam der Eifler 1973 nach Vollrads zum Vorstellungstermin. Bei seiner Ankunft sah Bergmann eine junge Frau bei der Arbeit an einem Blumenbeet – er freute sich schon auf die hübsche Kollegin. Der damals achtzigjährige Graf Richard empfing den Gärtner zum Bewerbungsgespräch im sogenannten Herren-Kabinett – dort stand sein Schreibtisch.

Bergmann hat den Grafen „als sehr nett, wie man sich einen Grafen so vorstellt" in Erinnerung. Dessen Frau, Gräfin Eleonore, und Gräfin Sophie, die erste Frau von Graf Erwein, kamen zum Gespräch dazu. Gräfin Sophie war auch die vermeintliche Kollegin am Blumenbeet: Weil die Stelle schon seit einem halben Jahr nicht mehr besetzt war, musste die Gräfin selbst Hand anlegen. Mit dem Satz von Graf Richard „Die zwei Gräfinnen sind einverstanden, dann bin ich es auch!" war Karl-Heinz Bergmann als Gärtner engagiert. Ich bleibe höchstens ein Jahr, dachte er damals bei sich. Er wollte noch viel erleben, aber dann blieb er bis heute. Seit 1973 wohnt er auch im Schloss: Er ist ein Vollradser geworden.

Auf einem Holzmodell zeigt mir der vom Gärtner zum Hobby-

Das sogenannte Herren-Kabinett, in dem heute standesamtliche Trauungen stattfinden.

Historiker avancierte Pensionär die viereckige Anlage: „Der Wohnturm ist der älteste Teil, früher gab es sogar zwei Türme."

Er legt mir einen Stich aus der Zeit um 1700 vor: Das barocke Schloss ist zu sehen und vor dem bis heute erhaltenen Turm steht noch ein zweiter – mindestens von 1506 bis 1712 hat er dort wohl gestanden.

Die Stammlinie der Familie Greiffenclau lässt sich laut Familienchronik bis zur Zeit Karls des Großen zurückverfolgen, unter dem die Greiffenclaus als sogenannte Ministeriale (im kaiserlichen Dienst stehende Beamte) dienten. Bei einem Aufenthalt in seiner Pfalz in Ingelheim entdeckte der Kaiser, dass der Schnee auf den Hügeln der gegenüber liegenden Rheinseite früher schmolz und befahl, dort Wein anzubauen.

Die Greiffenclaus zogen also auf die Rheingauer Seite und erbauten das Graue Haus in Winkel – es steht heute noch und gilt als das älteste steinerne Wohnhaus Deutschlands. Das Gebäude ist nachweislich im elften Jahrhundert errichtet worden, dabei wurden Steine aus dem neunten Jahrhundert genutzt. Die Greiffenclaus hatten hier bis 1330 ihren Hauptwohnsitz. Dann kamen Wasserschlösser in Mode – die Familie siedelte in den Wohnturm um. Das genaue Alter des Vollradser Turms steht nicht fest. Die älteste Urkunde, die auf ihn hindeuten könnte, stammt von 1337.

Nach einem Besuch auf Schloss Vollrads erwähnt Goethe beiläufig „einen wunderlichen, in einen kleinen Teich gebauten Turm", wobei ‚wunderlich' damals soviel bedeutete wie ‚erstaunlich'.

Einflussreiche Persönlichkeiten gehören zu dem Rheingauer Adelsgeschlecht: Reichsfreiherr Georg Friedrich von Greiffenclau (1573 – 1629) war Fürstbischof von Worms sowie Erzbischof und Kurfürst von Mainz und damit Erzkanzler des Heiligen Römischen Reiches. Georg Philipp von Greiffenclau (1620 – 1689) hatte mit zwei Frauen insgesamt sechsundzwanzig Kinder. Kein Wunder, dass ihm die beiden Wohntürme zu klein wurden. Um 1680 ließ er das große Herrenhaus auf Vollrads bauen, zweigeschossig und zweiflügelig.

Sein Sohn Johann Erwein (1663 – 1727) hat das Schloss noch verschönert und das heutige Erscheinungsbild der Anlage weitgehend geprägt: Die Wirtschaftsflügel, in denen das heutige Weingut untergebracht ist, das barocke Haubendach auf dem Wasserturm, das 1650 erbaute Kavaliershaus, der barocke Schlossgarten und der Eingangsbogen im Süden der Anlage wurden von ihm erbaut. Zu seinem Gedenken hängt heute noch im Treppenhaus des Schlosses ein großes Familienbild mit ihm als Mittelpunkt. Er war viermal verheiratet und Vater von insgesamt siebzehn Kindern.

Bei seinem schon erwähnten Besuch erblickte Johann Wolfgang von Goethe im September 1814 auch das große Gemälde und schrieb dazu: „Der Saal des ersten Stocks erweckt, durch Familienbilder, die, ohne gut gemalt zu sein, doch die Gegenwart der Persönlichkeiten aussprechen, das Andenken einer früheren, blühenden Zeit. Lebensgroß sitzt ein behaglicher Greiffenclau (gemeint ist Johann Erwein), der sich auf sich und seinen Zustand etwas einbilden durfte."

Der Eingang des Herrenhauses ist eher schlicht gehalten. Die Räume mit Rheinblick, die sich an den langen Flur anschließen, präsentieren sich dafür umso eindrucksvoller. Karl-Heinz Bergmann führt mich zum ersten Zimmer gleich links: das Ledertapetenzimmer. Es diente Johann Erwein als Speisezimmer. Die historisch wertvolle Ledertapete wurde wohl beim Bau des Schlosses 1684 angebracht. Solche Lederstücke mit Ornamenten verziert waren damals eine bei Adligen beliebte, kostbare Wandbespannung. Die flämische Goldledertapete in Schloss Vollrads trägt Verzierungen in Form von Blumen- und Blattranken, musizierenden Putten und einen Greifenfries – ein Bezug auf die Formensprache der Matuschka-Greiffenclaus. Die Herstellung war recht aufwändig: Zunächst wurde das Kalbsleder vollständig mit Blattsilber belegt. Dann wurde es mit einem lasierenden orange-braunen Firnis überzogen, der zusammen mit dem Silber den Goldeindruck ergab.

Schon Goethe beklagte den schlechten Zustand der Ledertapete. Gräfin Clara sorgte 1908 für die Restaurierung – das trockene Raumklima setzte dem kostbaren Wandbehang zu. Von 2005 bis 2011 wurde

Das Ledertapetenzimmer nach der Renovierung. Es wird heute für Hochzeiten und Feiern genutzt.

die Goldtapete aufwändig restauriert und konserviert. Die Kosten in Höhe von 126.000 € teilten sich das Land Hessen, die Stiftung Denkmalschutz und der Förderverein Schloss Vollrads, der mit 59.000 € den höchsten Anteil leistete. Die mit Rankenmotiven ausgemalte Decke des Erkers wurde ebenso wiederhergestellt. Zwei Luftbefeuchter sorgen seitdem für ein lederfreundliches Raumklima mit einer konstanten Luftfeuchtigkeit von fünfundfünzig Prozent. Heute wird der historische Raum für Feiern und Hochzeiten genutzt.

An beiden Seiten des Kamins hängen die Porträts der wohl bedeutendsten Vertreter der Greiffenclaus: rechts Graf Georg Friedrich von Greiffenclau, Kurfürst von Mainz, links Graf Richard von Greiffenclau, Kurfürst von Trier. Letzterer war von 1511 bis zu seinem Tode 1531 nicht nur Erzbischof von Trier, sondern erster Politiker und Diplomat des Heiligen Römischen Reiches Deutscher Nation. Mit der Kraft des Geistes und des Schwertes hat er sich in der von Reformationsstreitigkeiten und Bauernaufständen gezeichneten Zeit durchgesetzt. Er galt als der schärfste Gegner Luthers – hielt sich aber beim Reichstag zu Worms 1521 mit Rücksicht auf die Ritterschaft zurück.

Obwohl in Unterzahl, besiegte er als Kriegsherr und Verteidiger von Trier bei der Sickingischen Fehde (1522/23) Franz von Sickingen. Bei der Wahl des Nachfolgers von Kaiser Maximilian spielte er die Hauptrolle – so schreibt sein Chronist, der Archivar Aloys Schmidt in Koblenz. Zuerst setzte sich Richard für Franz I. aus Frankreich ein, dann für den Habsburger Kaiser Karl V. Während der Abwesenheit von Kaiser Karl V. führte er das Reichsregiment in Nürnberg und sorgte für Ordnung im Reich.

Richard wird als die Seele des fürstlichen Widerstandes gegen die revolutionären Bewegungen bezeichnet. Ihm verdankt Trier die Ausstellung und die erste Wallfahrt zum Heiligen Rock. Er gilt als der letzte Erzbischof, der noch selbst zu Felde zog, als der letzte Ritter. Er starb, so heißt es, tief bedauert von seinem Volk.

Bei seinem Bruder Friedrich von Greiffenclau zu Vollrads im Rheingau stieß die Bauernbewegung auf mehr Verständnis. Ritter Friedrich vermittelte zwischen den Revolutionären, wurde faktisch der Führer der gemeinen Bürgerschaft. Auf der Wacholderheide bei Kloster Eberbach stellte er sich auf die Seite der aufständischen Rheingauer Weinbauern.

Die Bedeutung der Rheingauer Adelsfamilie betont ein kaiserliches Dekret vom 7. Mai 1664: Das Geschlecht der Greiffenclaus wurde in den Reichsfreiherrnstand erhoben.

Weil Johann Erwein 1706 mit seiner Familie nach Würzburg übersiedelte, um an dem glänzenden Hof seines Bruders Fürstbischof und Herzog in Franken Johann Philipp (1652 – 1719) zu leben, wurde Schloss Vollrads noch bis zu Beginn des neunzehnten Jahrhunderts immer wieder von Verwaltern bewirtschaftet.

„Die Zimmer hier unten werden auch ‚die kalte Pracht' genannt, vielleicht weil sie blau gestrichen sind. Es sind Gästezimmer, in einem steht das Himmelbett der Gräfin Clara", erklärt mir Karl-Heinz Bergmann bei unserem Rundgang durch das Schloss.

Die Zimmer im Südflügel des Erdgeschosses haben einen prächtigen Blick auf den Rheingau. Rechtwinklig schließt sich der Wirtschaftsflur an – am Ende befindet sich der Eingang zur Schlosskapelle: eine kleine Kapelle mit einem großen Fenster über zwei Etagen und einer Empore.

Der Altar stammt von 1724, die Pieta von 1480, an der Wand hängt eine Kopie von Raffaels berühmtem Bild „Verklärung Christi". Die Tochter des Gärtners Karl-Heinz Bergmann wurde hier getauft und noch heute finden Hochzeitsgottesdienste statt. „Graf Richard wurde dort aufgebahrt bis zur Beerdigung. Früher, bis zum Tod der Gräfin Eleonore 1989, war der Pfarrer einmal die Woche da für einen Gottesdienst", erzählt der Pensionär. Die Matuschka-Greiffenclaus hatten das Patronat für die Winkeler Walpurgiskirche über Jahrhunderte inne – es erlosch erst mit dem Tod von Graf Erwein. „Die Vollradser Belegschaft traf sich 2008 in der Kapelle am siebzigsten Geburtstag von Graf Erwein zum Gedenkgottesdienst", erinnert sich Karl-Heinz Bergmann.

Das Geschlecht der Greiffenclaus war ohnehin sehr religiös: Neunundzwanzig Bischöfe und Domherren, drei Äbtissinnen – eine davon stand sogar „im Geruch der Heiligkeit", zwei Erzbischöfe und zwei Fürstbischöfe in Würzburg verzeichnet die Familienchronik. Viele männliche Mitglieder traten in den Kirchendienst – mit ein Grund, warum die männliche Linie im neunzehnten Jahrhundert ausstarb. Die weibliche Linie setzte die Tradition fort – mit neuem Namen.

Sophia Reichsfreiin von Greiffenclau, Tochter von Aloys Friedrich Carl (1778 – 1825), dem Bruder des letzten Greiffenclau, heiratete 1846 Graf Hugo Matuschka, den Spross eines schlesisch-böhmischen Rittergeschlechtes. Dem Grafen Hugo wurde 1862 von Kaiser Wilhelm I. die Namen- und Wappenvereinigung Matuschka-Greiffenclau und das Recht zum Tragen des Hermelinmantels verliehen. Sein Sohn Graf Guido heiratete Clara Freiin von Oppenheim-Ramersdorf – ein Glücksgriff für Vollrads. Die Großmutter von Graf Erwein brachte einiges an Vermögen mit in die Ehe, von dem sie viel in das Schloss investierte. Den Südflügel des Herrenhauses hat sie 1907/08 um ein Stockwerk erhöht, auch die beiden Türme hat sie anbauen lassen. Gräfin Clara hat das Schloss auf Vordermann gebracht, viel renoviert. Bis zu ihrem Tode 1959 hat sie sich für den Rheingau vielfältig engagiert.

Für ihre Verdienste um das Vollradser Archivs wurde sie zur Ehrensenatorin der Universität Mainz ernannt. Vielen galt sie als Landesmutter des Rheingaus. Sie war die erste und einzige Ehrenpräsidentin der Arbeitsgemeinschaft Rheingauer Heimatforscher. Die von ihr geförderte Rheingauer Heimatdichterin Hedwig Witte schrieb über sie:

„Was sie für die Wahrung der Geschichtstradition, für die Erfassung der Rheingauer Kulturdenkmäler, für den Vogelschutz und nicht zuletzt für alle, die in geistiger oder wirtschaftlicher Not zu ihr kamen, getan hat, darf nicht vergessen werden.

Das berühmte Vollradser Archiv, das Goethe in sehr „desolatem Zustand" fand, ist von der Gräfin geordnet und katalogisiert worden. Die älteste darin enthaltene Urkunde aus dem Jahr 1184 sowie eine von 1303 hat sie per Zufall unter alten, unordentlich abgelegten Papieren entdeckt. „A

Die geliebte Großmutter von Graf Erwein: Gräfin Clara 1892 mit ihrem Mann, Graf Guido.

quelque chose malheur est bon" – auch ein Unglück ist allemal ein Glück, meinte sie in ihrer humorigen Art.

Mit Block und Bleistift sah man sie noch im hohen Alter in der Gemarkung, als sie Feldkapellen und Kreuze zeichnete und katalogisierte."

Gräfin Clara starb im neunzigsten Lebensjahr im Turmgemach von Vollrads, von dem aus sie einen weiten Blick auf ihren geliebten Rheingau hatte. Karl-Heinz Bergmann zeigt mir im ersten Stock das große Ölgemälde mit der imposanten Frau.

In der Wohnung im ersten Stock haben die Eltern von Graf Erwein gewohnt, Graf Richard und seine Frau Eleonore. „Hier, im Herren-Kabinett, hatte ich mein Vorstellungsgespräch", erzählt der ehemalige Schlossgärtner. Heute finden dort standesamtliche Trauungen statt.

Im Flur sind jetzt Vitrinen aufgestellt für die umfangreiche Sammlung historischer Weingläser von Graf Richard. Richard Graf Matuschka-Greiffenclau war eine bedeutende Persönlichkeit in der Weinwirtschaft und in der Politik.

Nach dem Tode seines Vaters öffnete Erwein das Schloss für Veranstaltungen. Der imposanteste Raum auf Vollrads ist sicher die Schlosshalle. Karl-Heinz Bergmann führt mich in den großen Saal, der sich über zwei Stockwerke erstreckt. Die Tische werden gerade für eine Hochzeitsfeier mit Blumen dekoriert und eingedeckt. „Graf Erwein wollte auch immer Blumen im Schloss – das ganze Jahr über", erinnert sich der ehemalige Gärtner: ‚Ich will Blumen im Schloss, sonst fühle ich mich wie in einem Museum', sagte er immer. Bergmann erläutert den Helfern den Aufbauplan und erklärt ihnen, wie die Tische stehen sollen.

Die Jahreszahl 1684 steht auf dem Sims des großen offenen Kamins und daneben, in Sandstein gemeißelt, stehen in großen Lettern die lateinischen Wörter SINCERE • FORTITER • ET • CONSTANTER – zu Deutsch: Aufrecht, stark und beständig. Wohl ein Wahlspruch der Greiffenclaus, den Graf Erwein bestimmt schon als Kind gelesen hat – ein Hinweis auf seine Unbeugsamkeit?

Wie viele glanzvolle Feste in diesem Saal schon stattgefunden haben müssen! An den Wänden hängen großformatige Ahnenbilder. Selbst Porträts des deutschen Kaisers Karl VI. und seiner Gattin sind in der Schlosshalle zu sehen. Graf Erwein war berühmt für seine kulinarischen Weinproben, die er hier glanzvoll zelebrierte.

Die Tische für die Hochzeitsgesellschaft werden mit weißen Tischdecken mit eingewebten Familienwappen eingedeckt. Überbleibsel aus der Zeit, als Gräfinnen mit edler Aussteuer ins Schloss einzogen. Ein wertvoller, über hundertfünfzig Jahre alter Bechsteinflügel steht in der Schlosshalle – Gräfin Clara hat ihn damals mitgebracht.

Graf Erwein hatte Bergmann den Saal für seine runde Geburtstagsfeier angeboten – als der Gärtner 1999 seinen Sechzigsten dann in der Halle feierte, lebte der Graf schon nicht mehr.

Gleich neben dem Saal befindet sich das Billardzimmer mit dem wertvollen Greiffenclauschrank, ein sogenannter Tabernakelsekretär von 1720. Der anschließende Salon, für den Graf Erwein die Möbel anfertigen ließ, mit dem Damenzimmer, der Bibliothek und dem Herrenzimmer vermittelt ein Gefühl dafür, in welchem Rahmen die Greiffenclaus Gesellschaften gaben.

Graf Erwein hat auch die Bibliothek renovieren lassen. Bücherfreund Karl-Heinz Bergmann und die damalige Sekretärin Graf Erweins, Elisabeth Schick, räumten die historischen Bücher aus. Als der Graf vorbeischaute, saßen beide mit je einem Buch in der Hand da und lasen. „Nicht lesen – verpacken", mahnte Erwein – so erinnert sich der Gärtner.

Als ich das Schloss über das Treppenhaus verlasse, fällt mir wieder das überdimensionale Gemälde mit Johann Erwein Graf von Greiffenclau auf. Ich erinnere mich an ein Foto mit Graf Erwein vor diesem Gemälde: Er steht mit verschränkten Armen davor. Das Foto sollte wohl seine ruhmreiche Herkunft dokumentieren – vielleicht hat sie ihn eher belastet als beflügelt.

Graf Erwein vor der Ahnengalerie im Treppenhaus.

Die Familie von Greiffenclau

Graf Erwein verkörperte die siebenundzwanzigste Generation der Greiffenclaus. Am 27. August 1936 heiraten im Schloss Schwaigern, in Württemberg, seine Eltern Richard Graf Matuschka-Greiffenclau und Eleonore Gräfin Neipperg. Richard ist schon dreiundvierzig Jahre alt, Eleonore ist am Tag vor der Hochzeit vierundzwanzig Jahre alt geworden. Es heißt, die beiden hätten sich in Schlesien kennengelernt. Beide Adelshäuser verbindet eine ähnliche Geschichte: Beide Familien blicken auf einen langen Stammbaum zurück, betreiben seit Jahrhunderten Weinbau und prägen ihren jeweiligen Ort und die Region.

Die Dreißigerjahre sind nicht einfach für den angesehenen Grafen Richard: Der studierte Jurist hatte als Leutnant am Ersten Weltkrieg teilgenommen. 1922 übernimmt er bei der Bezirksregierung in Koblenz als Regierungsrat das Referat Landwirtschaft und Weinbau. Zu seinen Aufgaben gehört die planmäßige Umstellung der reblausverseuchten Weinberggemarkungen auf Pfropfreben. Von 1925 bis 1933 ist er Präsident des Rheingauer Weinbauverbandes. Er ist führendes Mitglied in der Zentrumspartei und Mitglied der preußischen Hauptlandwirtschaftskammer. Graf Richard ist ebenfalls Mitglied in der Studentenverbindung Corps Borussia Bonn. In der pflichtschlagenden Verbindung sind traditionell preußische und norddeutsche Adlige Mitglied, darunter auch viele Vertreter des ehemaligen preußischen Herrscherhauses wie der deutsche Kaiser Wilhelm II.. 1933 werden auf Druck der Nazis Mitglieder mit jüdischer Abstammung oder mit jüdischen Ehefrauen aus der Verbindung ausgeschlossen. Zwölf „Bonner Preußen" sind betroffen, darunter auch Graf Richard: Seine Mutter Clara ist eine geborene von Oppenheim und jüdischer Abstammung – dass die Familie von Oppenheim schon länger zum Christentum konvertiert ist, spielt für die Nazis keine Rolle. Wegen seiner führenden Mitgliedschaft in der Zentrumspartei muss er auch seine Stellung als Regierungsrat aufgeben – er kümmert sich nun um Schloss Vollrads.

Drei Söhne bringt Gräfin Eleonore auf die Welt: Karl Philipp, geboren am 7.7.1937, Erwein, geboren am 15.11.1938 und Ernst, geboren am 25.4.1943.

Nach dem Krieg beginnt im Rheingau die Aufbauarbeit. Hunderte von Flüchtlingen aus dem Osten kommen nach Oestrich-Winkel. Schloss Vollrads bietet vielen Familien eine erste Unterkunft.

Die Greiffenclaus haben sich schon immer dem Allgemeinwohl verpflichtet gefühlt und helfen, wo sie können. Graf Richard stellt sich nach den Jahren der Ächtung durch die Nazis wieder für öffentliche Aufgaben zur Verfügung. Er zählt zu den Mitbegründern der CDU in Hessen und gehört der Verfassungsberatenden Landesversammlung Groß-Hessens an. Bis 1950 ist er hessischer Landtagsabgeordneter. Er trägt wesentlich zur Wiederbegründung des Deutschen Weinbauverbandes 1950 bei und ist von 1950 bis 1964 dessen Vorsitzender, danach Ehrenvorsitzender. Bei den Verhandlungen GATT über erste Handelsverträge nach dem Krieg nimmt Graf Richard als Generalsachverständiger der deutschen Landwirtschaft teil.

Den Rheingauer Weinbauverband, dem er schon von 1925 bis 1933 vorstand, leitet er wieder von 1949 bis 1963. Noch bis ins hohe Alter engagiert er sich bei der EWG, wie die europäische Gemeinschaft damals hieß, als Mitglied der Wirtschafts- und Sozialausschüsse.

Auch wenn der Betrieb Schloss Vollrads nicht so viel Geld erwirtschaftet: Die Matuschka-Greiffenclaus sind sich ihrer sozialen Verantwortung immer bewusst. Mitarbeiter, die nicht mehr so leistungsfähig sind, werden schon mal ‚mitgeschleppt'. Graf Richard persönlich packt Äpfel als Weihnachtsgeschenke ein und der Haustrunk, eine bestimmte Anzahl kostenloser Flaschen Wein, wird auch in schwierigen Zeiten gewährt.

Sein Sohn Erwein, der Zweitgeborene, scheint dem Vater in mancherlei Hinsicht zu ähneln. Die Verpflichtung, öffentliche Ämter zu übernehmen, verbindet sie genauso wie die Wahl des Studiums: Nach dem Besuch des Gymnasiums studiert Erwein Jura in München und Berlin. Seiner Neigung entsprechend legt er den Schwerpunkt seiner weiteren Ausbildung auf Betriebswirtschaft und Marketing. Er träumt von einer Karriere als Außenhandelsfachmann in einer EG-Behörde – ganz wie der Vater, der es bei der EWG zu hohem Ansehen gebracht hatte.

Das Verhältnis von Graf Erwein zu seiner Mutter wird von vielen als problematisch beschrieben. Vieles deutet darauf hin, dass Erwein das, was man unter einem liebevollen Familienleben versteht, selbst nicht erfahren hat. Erwein und seine Brüder essen mit dem Personal in der Küche. Das soziale Engagement von Graf und Gräfin nach außen mit vielen Patenschaften und Unterstützung des Kinderheimes in Winkel scheint nach innen bei der eigenen Familie keine Entsprechung zu finden. Hohe Wertschätzung genießt bei Erwein seine Großmutter Gräfin Clara, die 1959 stirbt. Das Verhältnis zu seiner Mutter hingegen gilt als frostig und verschlechtert sich mit den Jahren noch. Erweins Cousin Karl-Eugen Graf Neipperg glaubt, die Beziehung der beiden sei geprägt „von gegenseitigen Versuchen, den anderen zu dominieren".

„Die hatten alle einen Dickkopf", meint dazu Kerstin Kilzer, die auf Schloss Vollrads aufgewachsen ist und im Gutsrestaurant gearbeitet hat. Sie verband eine herzliche Beziehung zu Gräfin Eleonore.

Michael Prinz zu Salm-Salm, der Graf Erwein als VDP-Vorsitzender folgte, schildert Gräfin Eleonore als „emotionale, sehr taffe Frau: Sie hat ihren Ehemann auch schon mal mit Kirschkernen angespuckt. Dass das Mutter-Sohn-Verhältnis schlecht war, lag auch an ihr."

Nach den Beschreibungen derer, die Erwein in den Sechzigerjahren kannten, ist er das, was man heute einen „coolen" Typen nennen würde. Zu seinen damaligen Bewunderern zählt auch sein Cousin Eugen Graf von Neipperg, der ihn sich als Firmpaten aussucht.

Erwein ist sportlich: Der großgewachsene Adlige spielt Eishockey auf dem Schlossweiher, ist Torwart in der ersten Mannschaft des A-Klassen Fußballvereins FSV Winkel.

Beim Fußball gilt er als furchtlos in Zweikämpfen. Als ihm nach einer mutigen Abwehraktion die Nase blutet, meint ein kleiner Junge verblüfft: „Ei gucke moal, der Graf hat ja gar kei blau Blut!"

1. Mannschaft des FSV Winkel im Jubiläumsjahr 1967.
Stehend von links: Adolf Czech, Norbert Rudloff, Ernst Wachendörfer, Erwein Graf Matuschka-Greiffenclau, Hans Assmann, Martin Freimuth, Günther Klee, Hans Hilsdorf; kniend von links: Hans Flaschner, Bernhard Braun, Kurt Linzbach, Gerd Rückert.

Beim fünfzigjährigen Jubiläum des Fußballvereins 1967, dem ersten großen Fest des Vereins, zeigt sich der Graf großzügig: Die akademische Feier mit der Ehrung verdienter Mitglieder findet in Sichtweite des Sportplatzes auf Schloss Vollrads statt, der Graf ist der Patron des Festes, stiftet auch für das Jubiläums-Fußballturnier den Weinpokal von Schloss Vollrads.

Bis zu seinem dreißigsten Lebensjahr 1968 fährt Graf Erwein Autorennen – anfangs getunte VW Okrasa. In dieser Klasse gewinnt er 1961 die Bergwertung auf dem „Monte Preso" im Rheingauer Gebirge bei Presberg. Damals kommen bis zu zehntausend Zuschauer zu den spannenden Rennen. Bekannte Fahrer wie Hans Stuck und Rolf Stommelen fahren mit. Die Organisation ist eher improvisiert: Verunglückte Rennfahrzeuge werden kurzerhand mit einem Traktor von Schloss Vollrads abgeschleppt.

Später fährt Erwein einen Austin Cooper S. Sicher ein lustiges Bild: der ein Meter siebenundneunzig große Graf in einem Mini. Wie unkonventionell praktisch er veranlagt ist, zeigt eine Randepisode, über die der Wiesbadener Kurier 1966 berichtet: „Kurz vor dem Start bemerkte der Winkeler Graf Matuschka-Greiffenclau an seinem Austin-Cooper S einen Defekt am Ventilator. Zunächst musste der Schnürsenkel eines zuschauenden Jungen herhalten, ehe man mit einem Stück Kordel und einem alten Stück Holz den Fehler beseitigte. Der junge Graf wurde Vierter seiner Klasse."

Auch nach dem Ende der Karriere als Autorennfahrer – die sportliche Fahrweise mit schnellen Autos behält der Graf sein Leben lang bei.

Die Hochzeit seines älteren Bruders Graf Karl Philipp am 9. April 1964 hat auch Folgen für Erwein: Der in der adligen Erbfolge vor ihm platzierte Bruder heiratet die bürgerliche Christa Inge aus Gotenhafen – keine standesgemäße Eheschließung. Die Folge: Im Familienvertrag vom 21. Oktober 1964 wird festgelegt, dass Graf Erwein nach dem Tode seines Vaters Graf Richard Schlossherr auf Vollrads wird.

Karl Philipp und Christa Inge haben vier Kinder: Markus (geb. 1965),

Ina-Marie (geb. 1968), Alexander Ernst (geb. 1971) und Tatjana (geb. 1973). Die Ehe hält bis heute.

Karl Philipp wird mit einer weinbaulichen Ausbildung auf die Übernahme von Schloss Vollrads vorbereitet. Er tritt das Erbe jedoch nicht an und findet seinen Beruf beim Hessischen Rundfunk: Von 1987 bis 1994 war er für den Zeitfunk beim HR-Hörfunk tätig. Von 1995 bis zu seiner Pensionierung im Jahr 2000 leitete er das HR Regionalstudio Osthessen in Fulda.

Die Beziehung der beiden Brüder scheint unter dem Erbverzicht des Älteren nicht zu leiden: Erwein ist 1965 Taufpate seines Neffen Markus Graf Matuschka-Greiffenclau.

Im selben Jahr, am 15. Mai 1965, heiratet Graf Erwein Maria Eberhard Josef Benedikt Martin von Matuschka, Freiherr von Greiffenclau, Freiherr von Toppolczan und Spaetgen, wie er mit vollständigem Namen heißt, sehr standesgemäß auf Schloss Zeil in Leutkirch im Allgäu Sophie, Gräfin von Waldburg-Zeil-Trauchburg.

Wie bei Erweins Eltern passen die beiden Adelshäuser sehr gut zusammen: Fürst Erich von Waldburg, Vater von Gräfin Sophie, verwaltet einen sehr umfangreichen Familienbesitz mit ausgedehnten Waldgebieten. Seine 1930 gegründete Zeitschrift Illustrierter Sonntag wird später unter dem Titel Der gerade Weg herausgegeben und dient dem Historiker und Publizisten Fritz Gerlich zum journalistischen Widerstand gegen Adolf Hitler. Zudem ist Erich von Waldburg Mitglied des Zentralkomitees der deutschen Katholiken. Trotz der passenden Abstammung wird die kinderlose Ehe von Graf Erwein und Gräfin Sophie achtzehn Jahre später geschieden.

Obwohl er als Erbe von Schloss Vollrads mit dem Weingut und dem landwirtschaftlichen Betrieb auf dem Mapper Hof vorgesehen ist, arbeitet er nach seinem Jurastudium in München und Berlin 1967 zuerst in der Sektkellerei Burgeff in Hochheim – dort ist er für den nationalen Vertrieb verantwortlich. 1969 wechselt der dynamische junge Graf Erwein zur deutschen Olivetti-Tochter in Frankfurt „als Verkäufer von

Rechen- und Schreibmaschinen, verantwortlich für einen Stadtteil in Frankfurt", wie er selbst im Handelsblatt 1991 seine Aufgabe in der Verkaufsabteilung beschreibt. Später leitet er das Ausbildungszentrum und steigt bis zum Leiter der Marketingabteilung auf. Vorerst will er sich nicht dem Weinbau verschreiben.

Graf Richard stirbt auf Schloss Vollrads in der Nacht zum 4. Januar 1975 hochgeachtet und völlig unerwartet kurz vor Vollendung seines zweiundachtzigsten Lebensjahres.

Zunächst leitet die Witwe Gräfin Eleonore mit dem jüngsten Sohn Ernst kommissarisch Schloss Vollrads – bis Graf Erwein, der den Wein schon in seinem Namen trägt, der neue Schlossherr auf Vollrads wird.

Elisabeth Schick und Graf Erwein.

Der Wein-Graf

Elisabeth Schick sitzt neben mir an ihrem Esszimmertisch: Sie trägt ihre Haare kurz, sie wirkt adrett, ruhig – eine sympathische Erscheinung. Unter diesem Namen, ihrem Mädchennamen, kennt man sie im Rheingau. Ihr gegenüber sitzt Victoria, ihre Tochter. Sie trägt ihre Haare länger, trotz ihrer Jugend wirkt sie elegant, sie ist offen und freundlich. Victoria ist die Tochter von Graf Erwein.

Lange hat Lis, wie Elisabeth Schick heute genannt wird, nicht über ihre Zeit auf Schloss Vollrads gesprochen – angeregt durch meine Recherchen öffnet sie die Türe zu diesem Abschnitt ihres Lebens. „Wenn man Graf Erweins Entscheidung, seinem Leben ein Ende zu setzen, verstehen will, muss man wissen, wie alles begann." Dieses Verständnis ist ihr wichtig. Es ist das erste Mal, dass sie bereit ist, mit einem Journalisten zu sprechen, und es wird wohl auch das einzige Mal sein. „Erwein hat Schloss Vollrads von Grund auf nach vorne gebracht", meint Lis.

Elisabeth Schick ist in Frankfurt aufgewachsen, hat eine kaufmännische Ausbildung absolviert und dann in Werbeagenturen Berufserfahrung gesammelt. 1975 kommt sie zu Olivetti, ein Jahr später wird sie in die Marketingabteilung versetzt und lernt den Marketingleiter Graf Erwein kennen. Beide verstehen sich von Anfang an gut. 1977 wechselt der Graf nach Schloss Vollrads. Der Entschluss fällt ihm schwer: Bei Olivetti ist er mit reizvollen Aufgaben betraut und verdient gut. Aber die Umstände auf Schloss Vollrads drängen: Die kommissarische Leitung des Weingutes durch seine Mutter und seinen Bruder Ernst funktioniert nicht so, wie er es sich vorgestellt hat. Der Betrieb ist überschuldet und braucht dringend einen neuen Impuls. Einen Impuls, wie es vielleicht nur ein Eigentümer mit Visionen zu leisten vermag. Graf Erwein spricht mit seiner jungen Mitarbeiterin über Vollrads. Er lässt anklingen, wie schwer es ihm fällt, sich in die neue Aufgabe hineinzufinden. Der Marketingmensch entwickelt erste eigene Vorstellungen und gewinnt die Siebenundzwanzigjährige, ebenfalls marketingorientiert denkende Frau, als treibende Kraft für das Weinschloss im Rheingau. Seine neuen Ideen will er auch mit einem neuen Team umsetzen. „Der Wein-Graf – diesen Titel hat er sich hart erarbeitet", sagt Lis heute. „Ich habe mit ihm den Phoenix aus der Asche aufsteigen lassen." Elisabeth Schick wird von Erwein, bis er „den richtigen Absprung" findet, sozusagen als „Vorauskommando", nach Vollrads entsandt „um das Büro zu machen". Sie findet eine „vorsintflutliche" Organisation vor: Wein-Preislisten werden noch mit der Hand geschrieben, es gibt kein Marketingkonzept, die Gebäude sind in einem beklagenswerten Zustand.

Dabei hat das Weingut einen hervorragenden Ruf. Seit 1211 ist Weinhandel in der Geschichte von Schloss Vollrads dokumentiert: Damals verkauften die Brüder Ruthardt, Embricho und Heinrich von Greiffenclau Wein an das Sankt-Viktor-Stift in Mainz. Graf Erwein bezeichnet die Greiffenclaus gerne als „die älteste Weinbau treibende Familie der Welt". Zum Schloss gehören zum Zeitpunkt der Übernahme durch Graf Erwein achtundvierzig Hektar Weinberge, Äcker und Wiesen sowie das Hofgut Mappen mit Feldern und Waldbesitz.
Schloss Vollrads hat in der Weinwelt einen klangvollen Namen, im Rheingau besitzt es eine Ausnahmestellung: Seit dem deutschen Weingesetz von 1971 gilt Schloss Vollrads als eigener Ortsteil. Somit darf der Wein aus dem Schlossberg ohne Angabe einer Ortsbezeichnung, also einfach als Schloss Vollradser etikettiert werden.

Doch der Zustand des Weingutes ist genauso bedenklich wie der Zustand der renovierungsbedürftigen Gebäude des großen Anwesens. In dieser Zeit studiert Graf Erweins Cousin Graf Karl-Eugen von Neipperg in Geisenheim. Bei seinen Besuchen auf Vollrads erlebt er die Situation des Weingutes nach dem Tode seines Onkels Richard als schwierig. Das Verhältnis zwischen Gräfin Eleonore und ihrem Sohn Graf Erwein schien ihm geprägt von Konflikten: Graf Erwein will sich durchsetzen – er hat in vielen Bereichen ganz andere Ideen als sein Bruder Ernst und seine Mutter.

Die bittere Ausgangslage: Erwein hat von seinem Vater einen überalterten Betrieb übernommen, zudem stimmt die Kundenstruktur nicht: Über siebzig Prozent der Vollradser Weine gehen in den Export. Diese Abhängigkeit rächt sich: Durch die Dollarkrise ist der Exportmarkt nach USA kollabiert: Der Wert des Dollars fällt von vier D-Mark zwanzig in den Sechzigerjahren innerhalb weniger Jahre auf rund zwei D-Mark fünfzig (1975) – deutscher Wein wird zu teuer für den US Markt. Zweieinhalb Ernten (dies entspricht über einer Millionen Flaschen) liegen unverkauft im Keller. Auch müsste ein neuer Kellermeister gesucht werden. Den findet der Graf in Georg Senft.

Elisabeth Schick nähert sich dem Weingut aus der Marketingperspektive: Sie lädt den ihr bekannten Inhaber einer Werbeagentur ein – er soll Vorschläge für ein Marketing- und Werbekonzept unterbreiten. Mit Blick auf das marode Schloss winkt der Werbeprofi ab: Er sieht kaum Hoffnung für das Unternehmen und fürchtet wohl, sein Geld nicht zu bekommen. Auf sich allein gestellt, setzen der Graf und seine enge Mitarbeiterin eigene Vorstellungen um. Denn Graf Erwein muss dringend neue Absatzmärkte erschließen. Und beim heimischen Markt muss er quasi „bei Null" anfangen, wie er später sagt. Zuerst wird mit einem Grafiker ein CI entwickelt. Corporate Identity, das durchgestylte Erscheinungsbild eines Firmenprofils, ist damals in der Weinbrache noch nicht sehr verbreitet.

Der Graf kommt als Newcomer in einen stagnierenden Markt. Für ihn ist klar, dass der Pro-Kopf-Verbrauch von Wein nicht zu steigern ist. Im Verdrängungswettbewerb will er sich mit einem geänderten Image für Rheingauer Wein etablieren. Er denkt dabei an Begriffe wie „teuer und gut", „Gesundheit", „Harmonie von Essen und Wein". So beschreibt er es im HANDELSBLATT 1991 unter dem Titel „Adel als Unternehmer".

Die offensichtliche Marktlücke für deutschen Wein besteht für ihn darin, den Deutschen den heimischen Wein als Essenbegleiter schmackhaft zu machen – Weinkultur wie in Frankreich und Italien will er den teutonischen Genussmuffeln beibringen. „Also müssen wir neue Trinkanlässe schaffen", folgert der Graf. „Wir müssen Weine herstellen, die universell zum Essen passen." Er konsultiert sogar Ärzte und Lebensmittelchemiker, um bei der Verkostung Verträglichkeiten von Wein und Speisen zu definieren. Zur damaligen Zeit betritt er mit seinen Ideen in Deutschland Neuland.

Als neuer Schlossherr beginnt Graf Erwein mit seinen „lukullischen Weinproben": Spitzengastronomen, Wirtschaftsjournalisten und Entscheidungsträger aus Wirtschaft und Politik lädt er in die bis dahin öffentlich nicht zugänglichen Privaträume des Schlosses ein. „Damals bin ich ausgelacht worden", sagt er später über seine Anfänge. Der Beginn der „Neuen deutschen Küche", in der die Deutschen den Genuss an gehobenen Gerichten für sich entdecken, kommt ihm entgegen.

Graf Erwein nutzt für seine kulinarischen Weinproben anfangs das Ledertapetenzimmer auf Schloss Vollrads: Es diente schon Graf Johann Erwein vierhundert Jahre früher als Esszimmer. Mit zehn Gästen beginnt er – nur wenig später sind es bis zu fünfundzwanzig Personen. Für achtzig D-Mark pro Person werden in dem beeindruckenden historischen Rahmen elf Weine zu fünf Speisen gereicht. Später erhöht sich der Preis auf hundertzwanzig D-Mark. In der Halle genießen die Gäste edle Tropfen aus der Schatzkammer zum Aperitif – zum Beispiel einen 1962er Riesling. Nur wenige Räume sind zuerst vorzeigbar, zudem gibt es keine Heizung. „Bevor die Gäste den Raum betraten, haben wir mit Heizlüftern vorgewärmt – die Damen in ihren dünnen Kleidern froren aber trotzdem", schildert Elisabeth Schick anschaulich. Aber Graf Erwein überzeugt die Gäste mit Charme und Redegewandtheit: Er ist der perfekte Gastgeber und Probensprecher – seine kongeniale Mitarbeiterin ist die Organisatorin hinter den Kulissen.

Die Gäste sind Unternehmer von großen Firmen. Der Charakter der Veranstaltungen ist alles andere als eine Verkaufsshow: Man ist zu Gast beim Grafen, genießt das Ambiente und den Wein. Sogar der damalige hessische Wirtschaftsminister Heinz Herbert Karry nimmt mit rund einhundert wichtigen Wirtschaftsführern an einer Weinprobe teil. Junge Manager wie Roland Berger werden durch die lukullischen Weinproben an gehobenen Genuss herangeführt und erleben ein spielerisch verpacktes Weinseminar. Die Meinungsführer lernen, wie hervorragend deutscher Riesling zu feinen Speisen passt. Durch diese beglückende Erfahrung bestellen die Vorstände immer häufiger Vollradser Weine – und ordern in ihren Lieblingsrestaurants natürlich Riesling vom Grafen. Dreimal pro Woche organisieren Graf Erwein und Elisabeth Schick die kulinarischen Weinproben im Schloss. Parallel dazu gehen die ‚siamesischen Zwillinge', wie Elisabeth Schick sich und den Grafen wegen der engen Zusammenarbeit empfindet, häufig in der aufstrebenden Top-Gastronomie essen. Bei den Starköchen dieser Jahre wie Rudolf Katzenberger in Rastatt, Hans-Peter Wodarz in Wiesbaden, Armin Scherrer in Hamburg, Gerhard Gartner in Aachen und Gerhard Heymann in Mainz sind sie zu Gast. Sie probieren unterschiedliche Weine zu den edlen Gerichten – welche Kombination verspricht den größten Genuss? Besonders mit Sternekoch Gerhard Heymann vom Restaurant WALDERDORFF in Mainz testen sie immer wieder, welche halbtrockenen und trockenen Rieslinge am besten passen. Gerhard Heymann bereitet auf Vollrads auch die Menüs für die Weinproben zu. Und sie werden nicht müde, in den Nobelrestaurants nach Weinen von Schloss Vollrads zu fragen. Der enorme Aufwand lohnt sich: Etwas mehr als zehn Jahre später berichtet Graf Erwein stolz, dass hundertachtzig von zweihundertzehn Sterne-Restaurants sowie alle Spitzenhotels in Deutschland Vollradser Weine führen.

Der Graf geht in seiner neuen Aufgabe auf: Schloss Vollrads wirkt wie aus einem Dornröschenschlaf erwacht, eine Aufbruchsstimmung weht durch die alten Räume. Ganz im Sinne moderner Mitarbeiterführung will er die Mitarbeiter auf dem Schloss ‚mitnehmen' zu den neuen Zielen. Mit Elisabeth Schick zelebriert er für die Mitarbeiter eine kulinarische Weinprobe – der Graf bedient ‚das Volk'. Teamspirit heißt die Devise: Alle sollen am eigenen Leibe erfahren, wohin die neue Leitung gehen will. Der Graf fordert großen Einsatz von seinen Mitarbeitern – sie sollen aber auch verstehen, warum. Alle sollen aus Überzeugung an einem Strang ziehen, sollen verstehen, warum gerade Details wichtig sind, zum Beispiel dass der Hof immer gefegt ist. Dass es finanziell nicht sehr gut um den Betrieb steht, ist allen bekannt. Der neue Schlossherr entwickelt die Vision von einem neuen Vollrads – die Mitarbeiter sind wieder stolz darauf, Vollradser zu sein. Alle spüren: Es geht voran.

Die Nachfrage für die kulinarischen Weinproben ist groß – Graf Erwein veranstaltet sie bald sehr erfolgreich auch in Restaurants und bei DALLMAYR in München. Der Terminkalender ist ständig voll. Verblüffend schnell wird die Vollradser Weinhalde abgebaut. Im nächsten Winter wird der Wein knapp (über eine Million Flaschen Wein sind verkauft), und es wird eine Veranstaltungspause eingelegt. Die Zeit wird genutzt, um die Räume mit ihren Stuckornamenten zu restaurieren, das Holz zu sanieren, das Herrenhaus frisch zu streichen. Auch die Ahnengalerie wird restauriert. Nach den ersten Renovierungsmaßnahmen gibt es mehr Platz: Bis zu hundertzwanzig Personen auf einmal werden verköstigt.

Schnell haben sich die Aktivitäten von Graf Erwein herumgesprochen, die Presse berichtet positiv: *„Die lukullischen Weinproben auf Schloss Vollrads gelten bei Unternehmen im Rhein-Main-Raum mittlerweile als Geheimtipp.“* (HANDELSBLATT 3.7.1978)

„Seine lukullischen Weinproben auf Schloss Vollrads haben manchen eingeschworenen Gott-in-Frankreich-Gourmet unsicher gemacht.“ (FAZ 30.6.1978)

Auch die im Kavaliershaus am anderen Ende des Schlossgartens eingerichtete Straußwirtschaft wird zum attraktiven Anziehungspunkt für die Bewohner des Rhein-Main-Gebietes. Hier können sie gediegene Käseplatten und Wildsülzen zu einem Vollradser Schoppen genießen und auf den altehrwürdigen Turm schauen. Die Erfolge geben Auftrieb. Graf Erwein erwähnte einmal gegenüber dem Schlossgärtner Bergmann, er habe mehr Wein in einem Monat verkauft als sein Vater Graf Richard in einem Jahr.

Das erwirtschaftete Geld investiert der Graf in das marode Schloss: Zuerst werden die Räume, die für die Repräsentation genutzt werden, saniert, dann der Keller hergerichtet. Im Betriebsgebäude wird ein Hochregallager gebaut. Sogar der Teich um den historischen Wasserturm wird aufwändig saniert. Über Jahrzehnte wurden die Abwässer aus der Kellerei in den Teich geleitet – der Graf will die Geruchsbelästigungen beenden. Ein Abwassersystem und Sickergruben vor den Schlossmauern werden zur Vorklärung des Kellereiabwassers gebaut. Der Schlamm aus dem Teich wird von einer Spezialfirma vorsichtig abgesaugt, um die Lössschicht nicht zu beschädigen. Die Schlammplatten aus dem Teich, die aus ehemaligen Heferückständen der Kellerei bestehen, werden in den Weinbergen ausgelegt und verrotten zu wertvollem Dünger. Vor Beginn dieser Sanierungsmaßnahme wird der bissige Schwan, der Herr des Schlossteiches, an den Rhein ausgelagert – er kommt allerdings rasch Flügel schlagend wieder zurück. Nach der Sanierung des Teichs kümmert sich ein Mitarbeiter liebevoll um einen gesunden Fischbestand.

Elisabeth Schick erweist sich als zuverlässig und geschickt beim Umgang mit den diversen Handwerkerkolonnen, die auf Vollrads beschäftigt sind. „Frau Schick war auf Zack, die konnte mit Handwerkern gut umgehen", meint anerkennend der ehemalige Schlossgärtner Karl-Heinz Bergmann. Sie kriecht über die Dachböden und lässt sich die Balken zeigen, die vom Holzwurm befallen sind.

Das Geld für die Sanierungen stammt ebenfalls aus den Erlösen der erfolgreichen Weinproben und aus den steigenden Folgeaufträgen für die Vollradser Weine – und aus neuen Krediten. In dieser Zeit wechselt der Graf zur Nassauischen Sparkasse (Naspa) in Wiesbaden, die alte Kredite anderer Banken, die ihm in den anfänglich schwierigen Zeiten die Daumenschrauben aufsetzen wollten, ablöst und neue gewährt.

Der Erfolg der ersten Jahre beflügelt alle: Graf Erwein bringt Vollrads, den deutschen Wein, die neue deutsche Küche und den Rheingau in aller Munde. Er wirbt bald auch in Amerika und im europäischen Ausland in Zusammenarbeit mit dem Deutschen Weininstitut für die deutschen Weine. Ein besonders erfolgreiches Ereignis ist für ihn eine Vergleichsprobe von deutschen und französischen Weißweinen in einem Drei-Sterne-Restaurant in Paris. Für die französischen Weinjournalisten stellt er eine 1862er Schloss Vollrads Trockenbeerenauslese erfolgreich gegen einen vergleichbaren französischen Spitzenwein. Unerschrocken bietet er den in Deutschland aufkommenden Sternerestaurants, die nur auf französische Spitzenweine setzen, seine trockenen Rieslinge an.

Fünfzehn Jahre später kann er in der SÜDDEUTSCHEN ZEITUNG stolz verkünden: *„Heute sind die Weißweine in deutschen Spitzenrestaurants zu dreißig Prozent Riesling-Weine."* Erwein Graf Matuschka-Greiffenclau ist endgültig zum Wein-Grafen geworden. Ein Mythos, den er in diesen Aufbruchsjahren durch seinen visionären Einsatz für sein Weingut und den deutschen Wein selbst geschaffen hat.

Für seine neuen Ideen und seine energische Art erntet er anfänglich nicht nur Beifall: Viele Mitglieder des Rheingauer Weinbauverbandes brachten ihm zunächst Skepsis entgegen. Aber schon bald engagiert sich der Graf über seinen Betrieb hinaus: Auf Vorschlag von Peter von Weymarn wird er im Juni 1978 zum Vorsitzenden des Verbandes der Prädikatsweingüter VDP gewählt. Er zögert zuerst, glaubt, er sei im Weingut noch nicht angekommen. In der deutschen Weinszene ist er damals noch ein unbeschriebenes Blatt, er profitiert zu diesem Zeitpunkt von dem guten Ruf seines Vaters. Aber für viele ist spürbar, dass in seinen Ideen ein Schlüssel für die Weiterentwicklung des Rufs vom deutschen Wein liegt, den am Ende alle dankbar aufgreifen.

Im Weingut gibt der rastlose Graf Erwein weiterhin Vollgas: Die Nachfrage ist so groß, dass er am 1. Oktober 1979 zu seinen eigenen knapp fünfzig Hektar Weinbergen das Weingut Fürst Löwenstein mit zwanzig weiteren Hektar hinzupachtet. Das Hallgarter Weingut mit den Lagen Hallgarter Schönhell, Jungfer und Hendelberg setzt ebenfalls auf Riesling und passt deshalb ausgezeichnet zur Weinphilosophie des Grafen. Die Trauben des nur zweieinhalb Kilometer entfernten Weingutes kommen im Maischewagen nach Vollrads und werden dort im Schlosskeller ausgebaut. Beide Weingüter sind VDP-Weingüter und gehören später auch zu den Charta-Weingütern, die den klassischen Typ des Rheingauer Rieslings fördern.

Für den Tatendrang Graf Erweins scheint es in den ersten Jahren seines Wirkens als Schlossherr keine Grenzen zu geben: Das zum Familienbesitz gehörende Graue Haus, das als Deutschlands ältestes Steinhaus gilt, lässt er sanieren und zum Restaurant umbauen. Im Januar 1964 war das historische Gebäude durch eine Brandkatastrophe, wahrscheinlich durch Brandstiftung verursacht, nahezu zerstört worden. Mit Unterstützung des Landes Hessen, dem Rheingau-Taunus-Kreis, der Stadt Oestrich-Winkel und erheblichen Eigenmitteln wird das Graue Haus von 1978 bis 1980 wieder aufgebaut. Die Vision von Graf Erwein für ein „Weinschmeckerlokal" im Rheingau mit hundertzwanzig Riesling- und Spätburgunder-Weinen aus dem gesamten Anbaugebiet wird Wirklichkeit. Auch für das Graue Haus entsteht eine moderne Corporate Identity. Im Dachgeschoss wird eine extra für diesen Platz angefertigte etwa drei Meter lange Handzeichnung sämtlicher Rheingauer Weinlagen angebracht, die sich auch in der Weinkarte wiederfindet. Die romanischen Bögen aus dem CI des Grauen Hauses werden später zum Kennzeichen der Rheingauer Charta-Weine. Ein Expertengremium wählt die Weine für die Karte aus. Die Produktphilosophie des neuen Restaurants orientiert sich an der Küche adliger Häuser des neunzehnten Jahrhunderts, die hochwertige und einfache Erzeugnisse schmackhaft miteinander verband. Aber natürlich gelten die Prinzipien der neuen leichten Küche. Am 13. Mai 1981 wird das legendäre Restaurant eröffnet. Der hessische Wirtschaftsminister Heinz Herbert Karry sollte den Gourmettempel einweihen – aber er hat die Eröffnung nicht mehr erlebt: Zwei Tage zuvor wurde er ermordet.

Elisabeth Schick wird die erste Geschäftsführerin des Restaurants.

Beruflich scheint sich für Graf Erwein alles günstig zu entwickeln – privat erlebt er turbulente Jahre. Es bahnt sich das Ende seiner Ehe mit Gräfin Sophie an – sie zieht um 1980 aus dem Schloss aus. 1981, nur wenig später, verlässt auch Elisabeth Schick den Rheingau. Sie ist von Graf Erwein schwanger und sieht keine Perspektive mehr in der Beziehung zum Grafen. Der knüpft eine neue Verbindung: 1983 heiratet Graf Erwein in zweiter Ehe Sabine Naggert. Aus dieser Verbindung entstammt die Tochter Francesca.

Das Graue Haus in Winkel, das 1982 durch Egbert Engelhardt zum führenden ‚Weinschmeckerrestaurant' im Rheingau wird und einen Stern erhält.

Anfang der Achtzigerjahre gingen sie als die „Viererbande“ in die deutsche Weingeschichte ein: Michael Graf Adelmann, Erwein Graf Matuschka-Greiffenclau, Carl von Schubert und Armin Diel – die vier Weingüter gingen auf Tournee. „Ich war das bürgerliche Pendant“, scherzt Armin Diel, Winzer und Gourmetkritiker. Er erinnert sich noch an die erste Begegnung mit Graf Erwein: 1980/81 gab es einen großen Käse-Wein-Wettbewerb im Nobelrestaurant SCHWEIZER STUBEN in Wertheim, das 1979 von Klaus Besser, damals einer der wichtigsten Gastronomiekritiker, zum besten Restaurant Deutschlands gekürt wurde. Der Graf war der Ideengeber für das Treffen der Gourmet Elite, Armin Diel nahm als Journalist teil. Zur allgemeinen Verblüffung gewann gegen die starke internationale Rotweinkonkurrenz wie Château Cheval Blanc und Weingut Gaja ein deutscher Weißwein: Eine 1979er Scheurebe Auslese halbtrocken passte am besten zum Käse. Heute gehört die Erkenntnis, dass gerade Weißweine gut zu Käse passen, zur Standardausbildung von Sommeliers – damals war dies noch eine Sensation.

Zwischen 1985 und 1990 tourten die vier Winzer zweimal jährlich durch die Top-Gastronomie. 1979 gab es im Münchner Restaurant AUBERGINE (im gleichen Jahr als erstes deutsches Restaurant dank Eckart Witzigmann mit drei Michelin-Sternen ausgezeichnet) angeblich keinen deutschen Wein auf der Karte – das wollten die Winzer ändern.

„Matuschka hat die Theorie dazu geliefert. Er hat sich jedes Mal bis aufs Wort wiederholt – eine geniale Marketingstrategie mit immer denselben Schlagworten“, erinnert sich Michael Graf Adelmann. Graf Erwein will dem Deutschen Wein die Geltung verschaffen, die er seiner Ansicht nach verdiente. Er engagiert sich auch international: Als Botschafter des Weins bereist er 1985 mit der Moselwinzerin Annegret Reh-Gartner und dem schwäbischen Koch Vincent Klink, initiiert vom Deutschen Weininstitut, die USA. Ein andermal präsentiert er im

World Trade Center in New York mit Eckart Witzigmann und Graf Adelmann deutschen Wein und deutsche Küche – der weltmännische Graf hat den deutschen Wein international profiliert. Die regelmäßigen Präsentationen der vier Winzer sorgen dafür, den deutschen Wein in der gehobenen heimischen Gastronomie zu etablieren.

Doch der Graf will mehr: 1982 engagiert er für das Restaurant im Grauen Haus den jungen aufstrebenden Koch Egbert Engelhardt und dessen Frau Christa. Die beiden Kreativen, der Weingutsbesitzer und der Koch, verstehen sich auf Anhieb. Sie hatten sich 1978 bei der Vorstellung des Kochbuches der SCHWEIZER STUBEN erstmals getroffen – Engelhardt erinnert sich noch gut daran. Köche, Winzer und Presse waren dazu eingeladen. Nach einem hochwertigen edelsüßen Sauternes warten alle auf die Trockenbeerenauslese von Vollrads. Graf Erwein meint, den Sauternes könne man nicht toppen, ein „Reparaturwein", der die Geschmackssinne wieder „runterregelt", müsste her: Er lässt einen 1977er halbtrockenen Riesling Grünsilber Kabinett, eigentlich ein wesentlich einfacherer Wein, ausschenken – und alle waren begeistert. „Welch ein Mut, welch ein verrückter Einfall!", dachte Egbert Engelhardt. Er wusste also, auf welches Abenteuer er sich einlässt.

Das Graue Haus wird das ‚Weinschmecker Restaurant' des Rheingaus. Der Küchenstil beruht auf „überlieferten Rezepten der regionalen, ländlichen Küche", der „Produktphilosophie der Küche adliger Häuser des neunzehnten Jahrhunderts" um mit „eigener Kreativität eine leichte Küche" zu bieten. So beschreiben es der Graf und sein Koch in dem eleganten Restaurantflyer. Der Clou ist die Weinkarte: Über hundertzwanzig Rieslinge und Spätburgunder umfasst das Angebot – alle kamen ausschließlich aus dem Rheingau. Auch hier zeigt sich wieder einmal die Großzügigkeit von Erwein gegenüber den Kollegen. Der Graf und sein engagierter Koch entwickeln gemeinsam das Konzept „Harmonie von Speise und Wein". Mit den akribisch festgehaltenen Geschmacksexperimenten und nachvollziehbaren Regeln für die harmonische Verbindung von Speise und Wein wurde Grundlagenarbeit geleistet, die bis heute an Aktualität nichts verloren hat –

dies bestätigt auch Christina Fischer in ihrem Buch „Wein & Speisen“ (2009): Die Wahl des begleitenden Weins zur Speise orientiert sich am ausdrucksstärksten Element des Gerichts, das ist häufig die Sauce.

Egbert Engelhardt führt den Betrieb als Angestellter – das Graue Haus hat eine eigene Kostenstelle. Laut Engelhardt war das Haus bei seiner Übernahme „in den Miesen“. Der Koch verspricht: Er brauche ein Jahr, dann mache er sechsstellige Gewinne vor Steuern. Der Durchbruch kam nach einem großen Artikel im Magazin STERN – nach zwei Jahren erwirtschaftet er den versprochenen sechsstelligen Gewinn.

1984 haben sie es geschafft: Das Graue Haus bekommt einen Stern vom Guide Michelin – zum ersten Mal wird in Deutschland ein Restaurant mit einer regionalen Weinkarte mit einem Stern ausgezeichnet. „Als der Stern kam, hat der Graf vor Freude geweint“, erzählt Egbert Engelhardt.

Anfangs meiden die Rheingauer das Haus – aber bald entwickelt sich das Restaurant in dem historischen Gebäude zu einem beliebten kulinarischem und gesellschaftlichen Treffpunkt in der Weinregion. „Ein Abend im Grauen Haus – und man wusste was im Rheingau vor sich ging“, bestätigt der Rheingauer Maler Michael Apitz. Er zeichnet Comics für die Menükarte, karikiert den Grafen als Erdbeerpflücker. „Dem Grafen hat es gefallen – der war Neuem gegenüber aufgeschlossen“, erinnert sich der Comic-Zeichner.

Die Achtziger sind gute Jahre für Graf Matuschka-Greiffenclau. „Er war ein Heilsbringer, der mit unkonventionellen Ideen das Renommée des deutschen Weines wieder hochgebracht hat. Er hat trockene und halbtrockene deutsche Weine als Essenbegleiter wieder salonfähig gemacht“, so würdigt Armin Diel die Verdienste des Grafen.

Die Rebsorte herausragend zu positionieren – ein immer wiederkehrendes Leitthema von Matuschka. 1985 wird er in Trier zum Präsidenten der mit ihm neu gegründeten Vereinigung Pro Riesling – Gesellschaft zur Förderung der Riesling Kultur gewählt.

Glanzvolles Jubiläum: Am 10. September 1986 zelebriert Graf

Erwein auf Schloss Vollrads einen kulinarischen Höhepunkt: Er feiert siebenhundertfünfundsiebzig Jahre Weinbau in der Familie Greiffenclau. Einem ausgewählten internationalem Feinschmecker Publikum kredenzt der Graf eine Weinprobe der Superlative: Vollradser Rieslinge der Jahrgänge 1862, 1893, 1897, 1929, 1937, 1949, 1959, 1964, 1977 – vom Kabinett bis zur Trockenbeerenauslese werden verkostet. Egbert Engelhardt zaubert dazu ein sechsgängiges Menü. Den rund vierzig Teilnehmern hat sich diese Probe tief ins kulinarische Gedächtnis eingeprägt. Armin Diel besitzt heute noch die Liste der historischen Weinprobe mit den Unterschriften der Anwesenden. Der Graf unterhält mit fachkundigen Anmerkungen zu den herausragenden Weinen – und mit Anekdoten. Zum Beispiel mit derjenigen von seiner schwarzen Labradorhündin Clara, eigentlich gehörte der Hund seiner Frau Sabine. Matuschka überzeugte einen Franzosen mit einem verblüffenden Experiment davon, dass Rheingauer Weine besser schmecken als französischer Wein, „das wüsste sogar sein Hund": Er übergoss einen Knochen mit Riesling, einen anderen mit französischen Wein und ließ seine Hündin wählen. Clara entschied sich für den Rheingauer Wein – der Franzose musste sich geschlagen geben. Offensichtlich hatte der Graf den Labrador auf hochwertige Rieslinge trainiert.

Anfang der Neunzigerjahre bekommt die freundschaftliche Zusammenarbeit der „Viererbande" Schlagseite: Graf Erwein fühlt seine 1991er Weine durch den Journalisten Armin Diel unterbewertet. „Ab diesem Zeitpunkt hat er sozusagen die Straßenseite gewechselt, wenn er mich sah, und meiner Frau nicht mehr ‚Guten Tag' gesagt. Der Graf konnte auch in seiner Ablehnung beeindrucken", erinnert sich Armin Diel. Michael Graf Adelmann tritt als Schlichter auf, hat beide angerufen. Bei einem Treffen auf Schloss Schaubeck in Kleinbottwar im Weingut Graf Adelmann findet im Juni 1997 die Versöhnung zwischen den beiden ausgeprägten Winzerpersönlichkeiten statt.

Silvester 1996 ist der letzte Tag für Egbert und Christa Engelhardt im Grauen Haus. Der Schwarzwälder will kürzer treten – vierzehn Jahre „knallharter Einsatz" haben Spuren hinterlassen. Zudem hatte sich die Edel-Gastronomie verändert – es kamen immer weniger Gäste.

Außerdem war das Verhältnis zwischen dem Grafen und seinem Lieblingskoch nicht mehr so harmonisch. Der Sternekoch kritisierte das gastronomische Konzept der Gutsschänke, es sollte gehobener werden. Laut Engelhardt hat der Gutsausschank auf Schloss Vollrads Verluste eingefahren.

Mit dem Weggang des Sternekochs und seiner Frau war die goldene Zeit vom Grauen Haus vorbei – 1997 übernahmen Rolf Laudenbach und Ralf Zacherl, die schon vorher zum Küchenteam im Grauen Haus gehörten, die Küchenleitung. Nach dem Tod Graf Erweins wurde das Restaurant geschlossen – das ehemalige Sternerestaurant stand zum Verkauf. Es fand sich keiner mehr, der das Haus weiterführen wollte. Als sich im November 2016 rund dreißig ehemalige Köche und Kellner an ihrer alten Wirkungsstätte zu einer Art Wiedersehensfeier treffen, bleibt nur die Erinnerung an schöne Zeiten. Nach gründlicher Sanierung gehört das Graue Haus nun der Bochmann-Stiftung, die Seminare für alte und junge Menschen in dem historischen Gebäude veranstaltet.

VDP Granden: Graf Erwein, Fritz Haag, Michael Prinz zu Salm-Salm, Georg Raquet (Weingut Dr. Bürklin-Wolf), Michael Graf Adelmann..

VDP – Der Adler lernt das Fliegen

Im Jahre 2010 feierte der VDP (Verband Deutscher Prädikats- und Qualitätsweingüter e.V.) sein hundertjähriges Bestehen. Rund zweihundert Mitgliedsbetriebe zählt die heute in der deutschen Weinszene wichtige Wein-Elite-Vereinigung. In einer entscheidenden Phase des Vereins war Graf Erwein Vorsitzender des Traditionsverbandes.

Am 26. November 1910 gründeten die vier Regionalverbände der deutschen Weinversteigerer (Rheingau, Rheinhessen, Pfalz und Mosel/Saar/Ruwer) in Wiesbaden zum Schutz des Qualitätsweins den Verband Deutscher Naturweinversteigerer (VDNV). Die spannende Geschichte dieses Verbandes spiegelt die Geschichte des deutschen Weines im zwanzigsten Jahrhundert wider.

Im Jubiläumsjahr steht der VDP gut da – doch nur wenige Jahrzehnte zuvor befand sich die Vereinigung der deutschen Vorzeigeweingüter auf dem Tiefpunkt. 1971 stand der Verband wegen des neuen Weingesetzes vor der Auflösung: Das Wort „Natur" durfte im Zusammenhang mit Wein nicht mehr erscheinen. Peter von Weymarn vom Niersteiner Weingut Heyl zu Herrnsheim erinnert sich: Mit fünfzehn Mitgliedern (von insgesamt nur noch fünfundsiebzig) traf er sich im Taunus-Hotel in Wiesbaden. Einziger Tagesordnungspunkt: der Beschluss zur Auflösung. Aber der rheinhessische Winzer wollte sich nicht geschlagen geben: Er hielt eine flammende Rede – der Verband blieb bestehen und firmierte nun als VDPV (Verband Deutscher Prädikatsweinversteigerer). Obwohl Peter von Weymarn nicht zum alten Weinadel gehörte und in das Weingut Freiherr Heyl zu Herrnsheim eingeheiratet hatte, positionierte er sich klar als einer der härtesten Verfechter des Qualitätsgedankens der Privatweingüter gegenüber den Genossenschaften. Nach seiner Wahl suchte er Richard Graf Matuschka-Greiffenclau auf – der war Ehrenpräsident des Deutschen Weinbauverbands und in der Weinszene hoch angesehen. 1973 feierte Graf Richard seinen achtzigsten Geburtstag – „ein spektakuläres Fest", erinnert sich Peter von

Weymarn, der eingeladen war. Graf Richard ließ den ersten im Rheingau hergestellten Eiswein öffnen – ein Schloss Vollradser Jahrgang 1897 oder 1898. Schon damals presste man auf Vollrads gefrorene Trauben – Weymarn kannte diese Herstellungsart noch gar nicht: Der VDP-Vorsitzende trank seinen ersten Eiswein. Damals dauerte es eben etwas länger, bis sich neue Techniken in der Weinbereitung durchsetzten.

Weinbaupolitisch waren die Siebzigerjahre von unterschiedlichen Interessen geprägt: Der von Winzergenossenschaften dominierte Weinbauverband verfolgte andere Ziele als der VDP.

Nach zwei Wahlperioden mochte Peter von Weymarn nicht mehr antreten: Die Auseinandersetzung mit Werner Tyrell, Vorsitzender des Deutschen Weinbauverbands und Vorsitzender des VDP-Regionalverbandes Großer Ring Mosel-Saar-Ruwer, hatten ihn entnervt. Obwohl Peter von Weymarn zweimal an die Mosel zu Versöhnungsgesprächen fuhr, gab es keine Einigung. Die Differenzen zwischen dem selbstbewussten Tyrell und dem von ihm nicht akzeptierten „Nobody" Weymarn waren zu groß. Immerhin: 1978 hatte der Verband wieder einhundertachtundfünfzig Mitglieder –Weymarn hinterließ ein gut bestelltes Haus. Graf Erwein war für ihn der Wunschkandidat für seine Nachfolge: „Ich wollte Werner Tyrell jemanden mit Wein-Hintergrund entgegensetzen. Graf Erwein hatte einen eindrucksvollen Auftritt, ließ sich nicht einschüchtern", erinnert sich der ehemalige VDP-Vorsitzende. Aber der Graf ziert sich erst noch: Er wolle sich auf Vollrads konzentrieren, brauche noch Zeit. Aber Peter von Weymarn bleibt hartnäckig, ruft noch mal an. Der Graf lädt ihn zum Dinner auf Schloss Vollrads ein: „Machen Sie uns die Freude, kommen Sie zum Essen. Meine Frau liebt Gäste und das Gespräch." Peter von Weymarn ist angetan: „Wir haben oben im Saal gegessen – sehr fein, mit Personal. Anschließend ging's ins Arbeitszimmer, da haben wir über den VDP gesprochen." Graf Erwein lässt sich überzeugen und wird einstimmig zum neuen VDP-Vorsitzenden gewählt. In der Weinwelt war er zwar ein unbeschriebenes Blatt – aber die Reputation seines Vaters gibt ihm in der eher konservativen Branche einen Vertrauensvorsprung: Es gibt keinen

Widerstand gegen seine Wahl. Nach dem Rüdesheimer Kreisbauernführer Jakob Werner (1934/49) ist er der zweite VDP-Vorsitzende aus dem Rheingau. Die ersten Ziele des neuen Vorsitzenden sind: Herausstellung der Spitzenweinlagen, Streben nach hoher Weinqualität auf der Basis der gebietstypischen Rebsorten und „Kundenpflege im Sinne echter Weinkultur": Auf die Weinkarte gehören ältere Jahrgänge, der neueste Jahrgang sollte nicht so schnell wie möglich verkauft werden – so schreibt es Daniel Deckers in dem Buch „Im Zeichen des Traubenadlers". Innerhalb des Verbandes sollte man sich auf wenige Spitzensorten beschränken, die Spitzenweine sollten auf überregionalen Weinproben und bei repräsentativen Veranstaltungen wie Staatsbesuchen vorgestellt werden. Flankiert werden müsse die Arbeit des Verbandes durch Öffentlichkeitsarbeit – niemand widersprach. Weymarns Hoffnung, dass Graf Matuschka mit Werner Tyrell klarkommen würde, erfüllt sich nicht – die Konflikte blieben erst einmal. 1980 tritt Werner Tyrell als Präsident des Deutschen Weinbauverbandes ab – 1984 gibt er auch den Vorsitz des VDP-Regionalverbandes Mosel-Saar-Ruwer auf. 1985 wird Werner Tyrell wegen nicht zulässiger Zuckerung von Weinen zu einer Geldstrafe und zu einem Jahr Gefängnis auf Bewährung verurteilt.

Auch unter dem neuen, umgänglicheren Präsidenten Reinhard Muth bleiben die grundsätzlich verschiedenen Auffassungen zwischen VDP und Weinbauverband bestehen. Graf Erwein setzt sein Bemühen um höhere Qualitätsstandards für deutschen Wein weiter fort.

Anfang der Achtzigerjahre, auf dem Höhepunkt der deutschen Süßweinwelle, wird für den VDP zunehmend deutlicher, dass das Weingesetz von 1971 eine verhängnisvolle Abwärtsspirale in Sachen Qualität angestoßen hatte. Der VDP reagiert mit höheren, verbandsinternen Qualitätsstandards und kann auf wichtigen Auslandsmärkten Boden gutmachen.

Winzer wie Graf Adelmann schätzen den engagierten VDP-Vorsitzenden: „Erwein hat souverän und weltläufig gewirkt, er war ein scharfer Analytiker. Mit ihm hatte der VDP einen Weinbaupolitiker par excellence." 1987 fordert Graf Erwein, die Traubenadler-Banderole als Gütezeichen einzusetzen: Für VDP-Weine will er deutlich höhere Mindestmostgewichte vorschreiben. Eine Provokation für den Weinbauverband. Die Vorreiterrolle der Eliteweingüter reicht dem Graf nicht – er will den deutschen Wein insgesamt nach vorne bringen. Wegen seiner Kritik an der Weinbaupolitik muss sich Graf Matuschka am 16.11.1987 im Vorstand des Deutschen Weinbauverbandes rechtfertigen. Die Mehrheitsverhältnisse im Weinbauverband sind eindeutig: Die Genossenschaften und Kellereien haben das Sagen. Immerhin: 1988 erhält der VDP wieder einen Sitz im Vorstand des Deutschen Weinbauverbandes.

Der Vorsitzende kämpft dafür, dass bei Weinmessen die VDP-Betriebe unabhängig vom Anbaugebiet mit einem Gemeinschaftsstand vertreten sind – damals war es nicht umsetzbar, heute ist es seit Jahren eine Selbstverständlichkeit. 1988 trägt der umtriebige Graf Erwein die Idee der Gutsabfüllung vor. Nach der VDP-Philosophie soll für den Verbraucher klar erkennbar sein, ob der Weinhersteller auch der Abfüller ist. Ein Thema, das den VDP schon bei seiner Gründung 1910 beschäftigt hat. Graf Erwein fordert ein Verbot von „estate bottled" (Gutsabfüllung) für Genossenschaften. Die Forderungen sind gegen den Geist der Zeit gerichtet, aber zukunftsweisend. Sieben Jahre später, 1995, übernimmt der Gesetzgeber den Begriff Gutsabfüllung in das Deutsche Weinrecht.

Am 16.3.1989 eröffnet Graf Matuschka den Vorstandsmitgliedern, dass er sich nicht in der Lage sehe, die Vorstandsarbeit weiterzuführen. Als Gründe gibt er „Arbeitsüberlastung im eigenen, ständig größer werdenden Betrieb" an. Und: „Es kann nicht sein, dass alles von einer Person erledigt wird. In anderen Verbänden gibt es Zuständigkeiten der Vorstandsmitglieder für bestimmte Sparten." Außerdem: „Die destruktive Einstellung vieler Mitglieder." Der Vorstand hatte keine Sanktionsmöglichkeiten gegenüber den Mitgliedsbetrieben.

Die anhaltenden Kämpfe, auch innerhalb des VDP, zermürben den

Grafen. Der hochfliegende Visionär scheitert am Alltag: Es gibt im VDP keine Geschäftsstelle, die wird erst von seinem Nachfolger eingerichtet. Auch aus den eigenen Reihen gibt es Widerstände gegen Strukturreformen: Die Provinzfürsten lassen die Muskeln spielen. Vielleicht hätte Graf Erwein noch Geduld haben sollen – Änderungen lassen sich in der Weinbranche wohl nur langsam umsetzen. In seinen letzten Amtsmonaten gibt es positive Nachrichten: Weinjournalisten loben die Qualität der VDP-Betriebe – man ist auf dem richtigen Weg. Graf Erwein wünscht sich Graf Adelmann als Nachfolger – der winkt jedoch ab. 1990 wird Michael Prinz zu Salm-Salm zum VDP-Vorsitzenden gewählt.

Die Verdienste von Graf Matuschka sind heute unbestritten: „Das ganz große Verdienst von Erwein ist, dass er den deutschen Wein wieder auf die internationale Bühne geführt hat. Er hatte keine Berührungsängste und ein großes Selbstbewusstsein“, lobt ihn sein Vorgänger Peter von Weymarn. Gerne erzählt er auch eine Anekdote: Bei einer bedeutenden Weindegustation in New York stand Marchese Antinori von dem gleichnamigen berühmten italienischen Weingut neben ihm und warb mit seiner über sechshundert Jahre alten Weinbaugeschichte. Graf Matuschka gab ihm lässig seine Visitenkarte mit dem Hinweis auf siebenhundertfünfzig Jahre Familienweinbau auf Schloss Vollrads. Antinori erbleichte angeblich und setzte Fachleute zur Recherche ein: Er wäre nie auf die Idee gekommen, dass es in Deutschland eine alte Weintradition geben könnte.

Graf Erweins Impulse haben Grundlagen gelegt, die den VDP wieder an die Spitze des deutschen Weinbaus im „oberen Marktsegment“ positionierten und international mit Organisationen wie „Union des Grands Crus de Bordeaux“ auf Augenhöhe auftreten lassen konnten.

1995 tritt der VDP aus dem Deutschen Weinbauverband aus. Der Vorsitzende Salm-Salm schreibt dazu: „Gegen die Mehrheit der Genossenschaften ist auch beim besten Willen nichts zu erreichen.“ Peter von Weymarn führt den Austritt auf Graf Erwein zurück. Michael Prinz zu Salm-Salm würdigt seinen Vorgänger: „Graf Erwein hat den VDP aus dem Dornröscheneckchen in das Licht der Öffentlichkeit gezogen. Er hat uns den Funken des Glaubens an uns gegeben. Er hatte eine Vision, was aus deutschem Wein machbar ist – diese Vision hat er dem VDP vererbt." Auch der VDP-Vorsitzende Steffen Christmann schätzt die Verdienste des Grafen: „Erwein Graf Matuschka läutete eine neue Zeit für den deutschen Wein, nicht nur für den VDP, ein. Er war im VDP und weit darüber hinaus ein Impulsgeber für strikte Qualitätsideale und für die Wertigkeit von Herkünften. Mit der Betonung der eher trockenen deutschen Weine bei Tisch und der Philosophie der Harmonie von Wein und Speisen hat er die großartige Entwicklung des deutschen Weines angeschoben, die bis heute anhält."

Die Eltern: Gemälde von Gräfin Eleonore und Graf Richard Matuschka-Greiffenclau.

Die Royals des Rheingaus

Am 28. April 2016 drängt sich das „Who-is-Who" der Rheingauer Weinszene in der Schlosshalle auf Schloss Vollrads. Wegen des kalten Wetters trifft sich die Gesellschaft drinnen. Man feiert fröhlich ein Jubiläum: Die dreißigsten Rheingauer Schlemmerwochen werden eröffnet.

Die Eröffnungsveranstaltung ist eine Zeitreise: Zeitzeugen berichten über die Entwicklung des Genuss-Events in den letzten drei Jahrzehnten. Ich darf die Veranstaltung moderieren und begrüße die Gäste: „Ganz bewusst findet der Auftakt für die Jubiläumsveranstaltung hier auf Schloss Vollrads statt: Erwein Graf Matuschka-Greiffenclau übernahm vor dreißig Jahren von Fritz Allendorf das Amt des Präsidenten des Rheingauer Weinbauverbandes. Als Initiator hat er 1987 die Schlemmerwochen ins Leben gerufen. Ich erinnere mich an ein Pressegespräch mit ihm: „Wir müssen den Gästen aus Frankfurt, Wiesbaden und Mainz jedes Jahr einen neuen Grund geben, in den Rheingau zu kommen!"'

Die dankbare Erinnerung an Graf Erwein ist typisch für den Rheingau: Auch wenn viele namhafte Adelsfamilien wie zu Eltz, von Metternich, von Schönborn oder von Langwerth in der Region heimisch sind – keine hat den Rheingau über Jahrhunderte so nachhaltig geprägt wie die Matuschka-Greiffenclaus. Sie sind die „Royals des Rheingaus" – für den Rheingauer Künstler Michael Apitz war Graf Erwein sogar der „Sonnenkönig des Rheingaus".

Der Vollradser Turm ist ein markantes Wahrzeichen der Region. Die Familie Greiffenclau ist Kirchenpatron der Winkeler Kirche Stankt Walburga mit eigener Gruft und einem Altar mit dem großen Wappen der Familie unter dem Chorraum der Kirche. Siebenmal stellten die Greiffenclaus zwischen dem fünfzehnten und siebzehnten Jahrhundert den Vertreter des Mainzer Erzbischofs im Rheingau. Auf einer vorgelagerten Insel im Rhein hielt der sogenannte „Vicedom" Gericht. Noch heute nennt man die Loge für die Grafenfamilie in der Winkeler Kirche „Vicedomstand". Die Familie legte den Grundstein für das Kloster Johannisberg, leistete einen Beitrag zur Errichtung des Eltviller Doms. 1525 vermittelte Friedrich Graf von Greiffenclau beim Bauernaufstand zwischen den Revolutionären, wurde faktisch der Führer der gemeinen Bauernschaft.

Die Familie zeigt sich häufig großzügig und sozial engagiert. Das Gebäude für den Winkeler Kindergarten hat sie gestiftet, nach dem Zweiten Weltkrieg wird auf Schloss Vollrads Flüchtlingen Zuflucht geboten. Clara Gräfin Matuschka-Greiffenclau, Ehrensenatorin der Johannes Gutenberg Universität in Mainz, machte sich einen Namen als Heimatforscherin. Das berühmte Vollradser Archiv, mit der ältesten Urkunde von 1184, hat sie im Laufe ihres langen Lebens katalogisiert und so der Nachwelt erhalten.

Für den Weinbau im Rheingau spielt Schloss Vollrads eine Vorreiterrolle: Die Weine übernehmen häufig die Preisführerschaft.

Schon Erweins Vater Graf Richard von Matuschka-Greiffenclau ist nach dem Krieg eine prägende Persönlichkeit in der Rheingauer Weinwirtschaft: Während der Nazidiktatur wurde der 1909 gegründete Rheingauer Weinbauverband aufgelöst und ging im sogenannten Reichsnährstand auf. Auch Graf Richard wurde wegen seiner führenden Mitgliedschaft in der Zentrumspartei (Stellvertretender Vorsitzender der Nassauischen Zentrumspartei) und wegen seiner jüdischen Wurzeln 1934 von der Nationalsozialistischen Partei aus dem Staatsdienst entlassen. Bis 1945 konzentrierte er sich auf die Führung von Schloss Vollrads. 1947 engagiert sich Graf Richard für die Neugründung des Rheingauer Weinbauverbandes und ist der erste Nachkriegs-Präsident – er bleibt es bis 1963. Er initiiert auch das Winzer Erntedankfest in Kloster Eberbach, das seit 1960 alljährlich am Sankt-Urbanstag gefeiert wird.

Richard Graf Matuschka-Greiffenclau, der erste sogenannte Wein-Graf, veranlasst auch die Wiedergründung des Deutschen Weinbauverbandes, dessen Präsident er von 1948 bis 1964 ist. Bei der EG in Brüssel ist er von 1971 bis 1974 Präsident der weinbaulichen Berufsverbände. Dank des standespolitischen Engagements von Graf Richard und seinem Sohn spielt der Rheingau weinbaupolitisch in Deutschland über Jahrzehnte eine wichtige Rolle.

1986 wird Graf Erwein zum Präsidenten des Rheingauer Weinbauverbandes gewählt. Der kreative, dynamische Adlige hat viel angestoßen und bewegt im Laufe seiner zehnjährigen Amtszeit. Zum Beispiel gehen im Frühjahr 1987 die ersten Rheingauer Schlemmerwochen an den Start. Der Rheingau lebt davon, dass die Menschen im Rhein-Main-Gebiet am Wochenende in den Rheingau fahren. Der Graf will sich nicht auf Gewohnheiten verlassen – Kunden müssen motiviert werden. Gebietsübergreifende Gemeinschaftsaktionen sind im Rheingau unter den Weingütern nicht sehr verbreitet – aber Graf Erwein kann dank seiner charismatischen Persönlichkeit die Winzer überzeugen. Dutzende Weingüter öffnen an zwei Wochenenden im Frühjahr zu Beginn der Ausflugsaison ihre Hoftore und bieten eine Kleinigkeit zum Essen an. Die Qualität des Angebots ist dem Grafen wichtig: Für die Winzerinnen werden Kochkurse angeboten. Schon für die zweiten Schlemmerwochen wird die Rezeptsammlung der Kochkurse als Kochbuch herausgebegeben: „Damals das erste regionale Kochbuch, das es gab“, erinnern sich die Zeitzeugen bei der Jubiläumsfeier anlässlich der dreißigsten Rheingauer Schlemmerwochen. Die Veranstaltung gehört heute zum beliebten Frühlings-Ritual: 2016 nehmen hundertzwanzig Weingüter und Gastronomen teil und locken Tausende von Besuchern zum Genießen in den Rheingau.

Aber die Schlemmerwochen sind nicht die einzige Veranstaltungsform, die in den kulinarischen Aufbruchsjahren erfunden wurden: Nach dem Vorbild von Les Trois Glorieuses in Burgund wurden die Rheingauer Glorreichen Tage mit der Riesling Gala ins Leben gerufen:

„Es war damals, 1987, eine gewagte Idee, eine so große Gourmet-Veranstaltung zu machen und ich erinnere mich noch genau, wie wirklich jeder, Dr. Hans Ambrosi, der damalige Leiter der Staatsweingüter Kloster Eberbach an der Spitze, mir in der hektischen Vorbereitungszeit vorbetete: ‚Also, Herr Engelhardt, wenn Sie des in de Sand setze, dann habe mir all en Ruf verlorn!'", erinnert sich Egbert Engelhardt, der die Veranstaltung zusammen mit Graf Erwein und Bernhard Breuer aus der Taufe hob. Damals wie heute stehen die Weine der Rheingauer VDP-Weingüter im Mittelpunkt – serviert zu einem köstlichen Fünf-Gänge-Menü, das Egbert Engelhardt mit befreundeten Sterneköchen zubereitet. Was als dreitägige Veranstaltung begann, dauert heute über eine Woche: Das Großevent mit Wein, Essen und Kultur hat sich etabliert.

Anfang der Neunzigerjahre stellte Erwein Graf Matuschka-Greiffenclau auf einer Pressekonferenz im Grauen Haus ein neues Produkt vor: die Rheingauflöte. „Antikblau", fünfunddreißig Zentimeter hoch, Facettenschliff – das markante Erscheinungsbild der neuen Rheingauer Gebietsweinflasche wird bei der Vorstellung von den anwesenden Journalisten wohlwollend aufgenommen. Manche stolpern über die Farbe – grün, braun und farblos sind bis dato die traditionellen Farben für Weinflaschen. Zu dem Auftritt der Flasche gehört ein passendes Glas mit gleichfarbigem Stil – ebenfalls im Facettenschliff. Die Idee ist typisch für die damalige Zeit: Verschiedene deutsche Anbaugebieten versuchen, sich mit Weingläsern und Typenweinen als eigenständige Region zu profilieren. Aus dieser Zeit stammt zum Beispiel der Typenwein RS, der Rheinhessen Silvaner – heute ein etabliertes Produkt. Schon seit 1726 wird die Bocksbeutelflasche als Gütezeichen für Qualitätswein aus Franken genutzt – Graf Erwein schwebte wohl ein ähnliches Alleinstellungsmerkmal für den Rheingau vor. Obwohl die Flöte als neues Marketing-Instrument gefeiert wurde, kam die Umsetzung der Idee nicht so voran wie gewünscht. Das Image der gesamten Region war für den Grafen wichtig – so dachten nicht alle: „Das Oberste war für ihn der Rheingau – mit der Flöte wurde der Graf enttäuscht: Manche Weingüter haben zuerst gesagt, sie machen mit, dann haben sie ihn fallen lassen", erinnert sich der Winkeler Winzer Richard Nägler, Matuschkas Nachfolger im Amt des Rheingauer Weinbaupräsidenten, vorher sein Stellvertreter. Immerhin: Seit 1995 schwankt die jährliche Anzahl je nach Erntemenge zwischen 1,7 und

3,5 Millionen Flötenflaschen. Nach Schätzungen werden rund zehn Prozent der Rheingauer Weine in der auffallenden Flasche abgefüllt. Viele kleinere und mittlere Betriebe setzen auf die Flöte – die großen Rheingauer Weingüter aber wie Schloss Johannisberg, Staatsweingut Kloster Eberbach und Weingut Wilhelm Weil vertrauen eher auf die Strahlkraft der eigenen Marke als auf das regionale Marketing. 2017 stellte Dr. Gergely Szolnoki von der Hochschule Geisenheim University eine überregionale Analyse über die Akzeptanz der Rheingauflöte vor. Sein Fazit: Zusammenfassend kann man feststellen, dass die Rheingauflöte kein Nischenprodukt ist und einen Bekanntheitsgrad von fünfundzwanzig Prozent genießt. Die Rheingauflöten-Kenner haben ein höheres Involvement und beziehen mehr Wein aus dem Fachhandel als die restlichen Weinkonsumenten. Die Rheingauflöte hat ein positives Image, sowohl unter den Kennern als auch unter den Nicht-Kennern.

Die mittlerweile „massongrüne" Flasche gibt es auch in einer zwei Zentimeter kürzeren Variante – so passt sie besser ins Weinregal und in den Kühlschrank. Auf Schloss Vollrads wird nach wie vor der Riesling in die Flöte abgefüllt: „Die Gründe, die vor zwanzig Jahren für die Einführung der Rheingauflöte sprachen, fallen heute noch stärker ins Gewicht", ist sich Dr. Rowald Hepp, Gutsdirektor von Schloss Vollrads sicher. „Schloss Vollrads wird als Einheit mit der Rheingauflöte wahrgenommen. Angesichts der größer gewordenen Flaschenvielfalt ist es um so wichtiger, eine Flasche zu fördern, die den Rheingau als Herkunft signalisiert, die von ihrer Form her für Eleganz und Nuancenreichtum steht." Der Rheingauer Weinbaupräsident Peter Seyffardt ist überzeugt: „Die Flasche hat mehr Potential, als derzeit genutzt wird."

Ein wichtiges Thema dieser Zeit war das Erste Gewächs: Eine Qualitätsbezeichnung, die sich auf die Lagenklassifikation und die Leitrebsorten Riesling und Spätburgunder bezieht. Jahre bevor der VDP das Große Gewächs einführt, beschließt der Rheingauer Weinbauverband 1995 die Zulassung des Ersten Gewächses. Die Legalisierung 1999 hat der Graf nicht mehr erlebt.

Das kreative Erbe von Graf Erwein sorgt auch nach Jahrzehnten für Gesprächsstoff – der Graf war ohne Zweifel ein Visionär. Und er war jemand, der keine Konflikte scheute. Nach anhaltenden Auseinandersetzungen mit dem Deutschen Weinbauverband trat der Rheingauer Weinbauverband aus dem deutschen Dachverband aus. Die Konflikte ähnelten denen, die Graf Erwein als VDP-Vorsitzender mit dem Deutschen Weinbauverband geführt hatte: Das Stimmenverhältnis mit dem Übergewicht der Genossenschaften passte dem Graf nicht. „Die haben mich als Buhmann dargestellt", sagt der Graf in der SÜDDEUTSCHEN ZEITUNG 1992. Das geplante neue Kontrollzeichen stimmt ihn kämpferisch: Er strengt eine Verfassungsbeschwerde gegen den damaligen Landwirtschaftsminister Ignaz Kiechle an. Der Graf regte sich über die Vermarktung der deutschen Weine auf: „Lederhose – Bier – Sauerkraut – Blue Nun". Blue Nun war damals eine erfolgreiche milde deutsche Weinmarke für den Export. Neidvoll blickte der Verkaufsstratege auf Italien und Frankreich. „Die deutschen Verbraucher können auf dem Etikett weder über Bekömmlichkeit noch Trinkgelegenheit ihrer Weine etwas ablesen!"

„Wir brauchen einfache Konsumweine und Spezialweine!", forderte der Marketing-Graf. „Wir versuchen mit jedem Wein einen Spitzenwein vorzutäuschen. Das glaubt uns der Verbraucher nicht", kritisierte der Graf die hochgepuschten Rebsäfte.

Der streitbare Graf war die Speerspitze im Kampf für deutschen Qualitätswein. Günter Thies, Geschäftsführer der Rheingauer Weinwerbung von 1985 bis 1990, erinnert sich an die Konflikte mit dem Deutschen Weinbauverband: „Ich bat ihn ‚Tun Sie mir den Gefallen, mal nichts zu sagen!' Das hat gerade bis zur Türschwelle gehalten!"

Graf Erwein trat sehr selbstbewusst auf: „Ich vertrete meine Meinung – wenn andere das nicht machen, kann ich nichts dafür!" Die Spielvariante „Good Cop – Bad Cop" setzte der Graf bei Verhandlungen häufiger ein: Wo er polterte und attackierte, glätteten seine Geschäftsführer später die Wogen und sorgten für Harmonie. Diskussionen und Streitkultur nahm der adlige Rheingauer sportlich – und selbstironisch. Typisches Beispiel: Das Projekt Streitwein. 1997 stellte Graf Erwein zusammen mit der Agentur Kehder und Event-Partner einen 1996er Riesling mit einem Sonderetikett als „Streitwein" vor. Er wollte „eine neue Streitkultur" etablieren – unterstützt „durch die positiven Eigenschaften, die dem Wein zugeschrieben werden". Geplant war sogar die jährliche Vergabe eines „Streit-Kultur-Preises" an die streitbarsten Geister Deutschlands. Bei dem Wein handelte es sich übrigens um einen „sorgsam ausgewählten, sehr verträglichen" Qualitätswein. Also eher um einen Schlichterwein.

Für Günter Thies erlebte der Rheingau unter der Amtszeit von Graf Erwein eine Blüte: Strukturmaßnahmen wie zum Beispiel die Umwandlung der Rheingauer Weinwerbung in eine GmbH wurden angestoßen, viele nachhaltige Marketingprojekte wurden initiiert – und der Graf war dank seiner Kontakte und seines Auftretens ein Türöffner: „Graf Erwein hat den Rheingau auf ein Niveau wie Bordeaux gehoben, er hat Türen geöffnet, die von der Region nicht gefüllt werden konnten." Der Weinjournalist Stuart Pigott notiert 1995 laut WIESBADENER TAGBLATT: *„Der VDP Rheingau und die Charta-Vereinigung haben zusammen Wein-Diner und Proben auf solch hohem Niveau veranstaltet, dass sich die PR-Bemühungen anderer Gebiete dagegen wie Experimente im Spielzeugformat ausnehmen."*

1990 wird Jutta Nikolai aus Oestrich Geschäftsführerin des Rheingauer Weinbauverbandes und der Rheingauer Weinwerbung. 1988/89 war sie Rheingauer Weinkönigin und hatte sich damit für das Amt empfohlen. Aus der beruflichen Beziehung zwischen dem Präsidenten und der Geschäftsführerin entwickelt sich ein privates Verhältnis: Jutta Nikolai wechselt 1995 als Angestellte auf Schloss Vollrads und wird später die Lebensgefährtin des Grafen. Graf Erwein und seine zweite Ehefrau hatten sich getrennt. Sabine Naggert stirbt nach langer Krankheit am 25. Juli 1994.

Dem charmanten, großgewachsenen, weltläufigen Grafen wird eine große Ausstrahlung auf Frauen nachgesagt. Er punktet mit seinem selbstbewussten Auftritt. Winzerin Brigitte Corvers formulierte es so: „Er trug einen dunkelblauen Mantel, innen gefüttert mit roter Seide – der einzige Mann im ganzen Rheingau, der so etwas Extravagantes tragen konnte."

Silvia Diemer tritt 1996 ihr Amt als Geschäftsführerin des Rheingauer Weinbauverbandes an. „Der Graf hat viele Eigenschaften in sich vereint, die Leute in der Region sind ihm gefolgt. Ich habe nie wieder jemanden getroffen, der so charismatisch war", erinnert sie sich. Sie bewunderte auch seine klaren Ehrbegriffe und seine Großzügigkeit: Graf Erwein hat bei Pressekonferenzen kostenfrei seine Weine ausgeschenkt, nie eine Rechnung geschrieben. Bei der Fünfzig-Jahr-Feier des Rheingauer Weinbauverbandes 1997 stellte er Schloss Vollrads komplett zur Verfügung – ohne Berechnung.

Ein hoher persönlicher Einsatz war für Graf Erwein selbstverständlich. Bei einer Radtour des hessischen Wirtschaftsministers Lothar Klemm wollte ihn der Graf mit einem historischen Einrad empfangen. Silvia Diemer organisierte eine Holzdraisine. Ein riskanter Einsatz: Graf Erwein steuerte das Gefährt von Schloss Vollrads den Hang hinunter und landete im Weinberg: Das Zweirad hatte keine Bremsen.

Der eloquente Adlige konnte Menschen „umdrehen", wie es Silvia Diemer nennt. Einmal wartete sie bei einer Weinveranstaltung in Herborn zwei Stunden auf den Grafen – sie wusste kaum noch, wie sie die Menschen hinhalten sollte: Die waren schon richtig sauer. Als er kam, flog er in den Saal, fing an zu sprechen und schon waren alle Zuhörer positiv gestimmt.

„Und – wie war ich?", grinste er danach seine Geschäftsführerin an.

Trotz seiner Verbundenheit mit der Tradition war der Graf offen für neue Ideen: Als Michael Apitz und Patrick Kunkel etwas schüchtern wegen der Präsentation ihres Comics „Das Fass der Zisterzienser" auf ihn zukommen, öffnet er für die jungen Leute bereitwillig die Schlosshalle: Bei der Pressekonferenz sitzt er mit beiden Autoren einträchtig vor dem Kamin. In dem Comicband spielen die Vorfahren des Grafen, vor allem Friedrich von Greiffenclau, der 1525 Anführer der aufständischen Rheingauer Bauern war, eine große Rolle. Michael Apitz hat in diesem Band Graf Erwein zeichnerisch verewigt. Mit Selbstironie konnte der adlige Schlossherr gut umgehen: Apitz zeichnete den Grafen im Liegestuhl in Shorts und Strohhut für den Wein „Vollradser Sommer" – in dieser Pose ließ er sich von mir sogar für die SWR Sendung FRÖHLICHER WEINBERG filmen.

Der Wein hat sich übrigens sehr gut verkauft. Michael Apitz erinnert sich an einen gemeinsamen Auftritt auf der Messe „Grüne Woche Berlin" Anfang der 90er Jahre: „Mein Name ist Matuschka, ich bin Weinbauer" – so begrüßte er die Gäste: Der Adlige hatte ein Gefühl für den richtigen Auftritt. Er prägte eine Epoche in den Achtziger- und Neunzigerjahren, in der im Rheingau Aufbruchstimmung herrschte. Die Lust, den Rheingau weiter voranzubringen, war auch der adligen Führungsperson zu verdanken. „Visionäre wie er fehlen heute im Rheingau" meint der Künstler Michael Apitz, auch wenn er einräumt, dass „de Graaf", wie er im Rheingau genannt wird, viele seiner Ideen nicht nachhaltig genug verfolgte. Auch Richard Nägler meint: „Der Graf hat im Rheingau eine Lücke hinterlassen – die Leute hier sprechen heute noch oft über ihn." Silvia Diemer stellt im Rückblick fest: „Graf Matuschka-Greiffenclau hat sich extrem für den Rheingau eingesetzt – mehr als für den eigenen Betrieb."

Rheingau-Adel verpflichtet.

Professor Dr. Ute Diehl und Graf Erwein im Dezember1995 im Hotel Nassauer Hof in Wiesbaden.

Professor Dr. Ute Diehl ist eine elegante Dame. Lange Jahre hat sie an der Fachhochschule Mainz, heute Hochschule Mainz, im Fachbereich Wirtschaftswissenschaften gelehrt. Sie zeigt mir in ihrer Wohnung einen ganzen Ordner mit Zeitungsausschnitten und Papieren über Graf Matuschka-Greiffenclau, die sie gesammelt hat. Sie erinnert sich noch gut an Graf Erwein: Er war wie sie Gründungsmitglied des Marketing-Clubs Mainz-Wiesbaden. Am 17. November 1986 wurde der Regionalverband gegründet – schon nach einem Jahr hatte er zweihundertfünfzig Mitglieder. Im prominent besetzten Beirat war damals immerhin der Bundeswirtschaftsminister a. D. und Aufsichtsratsvorsitzender der Sektkellerei Kupferberg Dr. Hans Friderichs vertreten, die damaligen Oberbürgermeister Jockel Fuchs (Mainz) und Achim Exner (Wiesbaden) begrüßten die neue Initiative im Rhein-Main-Wirtschaftsraum. Der Marketing-Club Mainz-Wiesbaden ist einer von mittlerweile fünfundsechzig Regionalverbänden des Deutschen Marketing Verbandes. Den gibt es schon seit 1956 – damals noch als Arbeitsgemeinschaft Deutscher Verkaufsleiter-Clubs (ADVC) gegründet, 1960 dann umbenannt.

In den Siebzigerjahren gewann Marketing immer mehr an Bedeutung: Was früher als reine Verkaufsförderung gesehen wurde, entwickelte sich zu einem Gesamtkonzept. Einer der Gründe dafür: Erstmals seit dem Zweiten Weltkrieg waren die Märkte gesättigt. Mit dem Wandel von Verkäufermärkten hin zu Käufermärkten, auf denen die Käufer die stärkere Position innehaben, begann der Siegeszug des Marketing in Deutschland. Der erste Lehrstuhl für Marketing wurde im Jahre 1968 an der Westfälischen Wilhelms-Universität Münster eingerichtet und durch Heribert Meffert besetzt. Seit 1973 ist der Marketing-Tag des Deutschen Marketingverbandes der wichtigste Treff der wachsenden Branche: 2017 hat der Bundesverband über vierzehntausend Mitglieder.

Zu Graf Matuschkas Zeiten war Marketing noch eine junge Disziplin. Besonders in der eher traditionellen Weinbranche dachte und handelte man weniger in langfristigen Marketingkategorien.

Im Marketing-Club Mainz-Wiesbaden waren die Vorstandsmitglieder Ute Diehl und Graf Erwein für das Programm zuständig. Der Graf war zudem der Vertreter des Regionalverbandes beim Deutschen Marketingverband und wurde dessen Vizepräsident. Seit 1987 war er an der Planung und Organisation des Deutschen Marketing Tages beteiligt – mehrfach übernahm er die Funktion des Kongressleiters. Auf Bundesebene leitete er Arbeitskreise, die sich um das Programm kümmerten und war immer zu Vorträgen bei den einzelnen Clubs bereit. „Graf Erwein war für uns immer ein hervorragender Motivator und Ideengeber. Er war immer hilfsbereit. Ihm war nichts zu viel. Matuschka hat viele fasziniert und berührt, fachlich waren seine Vorträge immer hervorragend, dabei unterhaltsam", erinnert sich Ute Diehl, die langjährige Präsidentin.

Am 9.2.1987 hält Graf Erwein im Mainzer Hilton Hotel den Vortrag: „Trotz Krisen – deutschen Wein erfolgreich vermarkten". Ich selbst erinnere mich noch sehr gut an diese vielbeachtete Rede: Als junger Reporter war ich von den klaren Worten des Grafen beeindruckt. Für uns Weinjournalisten war der Graf ein interessanter Interviewpartner, der gerne schon mal die Weinbranche provozierte. Kaum ein anderer Weinbaufunktionär war damals so kraftvoll visionär wie dieser Vordenker aus dem Rheingau.

In seinem damaligen Vortrag nahm Graf Erwein kein Blatt vor den Mund: Seine Schilderung der Marktsituation des deutschen Weines im In- und Ausland zeigte, dass die Probleme des deutschen Weins nicht erst in jüngster Zeit entstanden sind. Für den deutschen Wein und für die Verbesserung seines Rufes vor allem im Ausland ließen Regierung,und Deutsche Weinwerbung noch immer geeignete Maßnahmen vermissen, meinte Graf Matuschka. Eine weitere Verschlechterung der Marktsituation sei nicht auszuschließen. Als Fallbeispiel für die erfolgreiche Vermarktung des Weines stellte der Referent die Marketingstrategie seines Weinguts dar. Hundertsechzig Teilnehmer lauschten ihm fasziniert. Die Teilnahme wichtiger Vertreter der deutschen Weinwirtschaft zeigte die Bedeutung des Vortrages für alle, die mit Wein zu tun haben.

Die erste große gesellschaftliche Veranstaltung des Marketing-Clubs Mainz-Wiesbaden war das Sommerfest. Es fand am 18. September 1987 – natürlich – auf Schloss Vollrads im Schlossgarten statt. Zweihundertfünfzig Teilnehmer genossen den warmen Spätsommerabend in der großartigen Kulisse. „Graf Erwein war ein sehr engagiertes Mitglied, das Thema Marketing hat ihn sehr interessiert", erzählt mir Ute Diehl. „Er war ungemein großzügig, wurde deshalb auch ausgenutzt."

Die Rheingauer Winzer profitierten von den Marketingaktivitäten ihres Grafen: Graf Erwein entwickelte ein Kommunikationskonzept für den Rheingau, Ute Diehl hielt ein Seminar für Winzer. „Qualität und Markenfindung waren seine Themen. In zahlreichen Vorträgen in ganz Deutschland warb er für den deutschen Wein – besonders für den Rheingauer, aber nie für sein eigenes Weingut. Sein Herz hing an dem Bereich Marketing, an der Konzeptionierung von Marken, an der Entwicklung von Strategien, das hat ihm viel Spaß gemacht", so Ute Diehl.

Vom Marketing-Club wurde er verstanden, von den Winzern nicht immer. Noch am 8.8.1997 verschickte der Deutsche Marketing Verband eine Einladung zur Teilnahme am fünfundzwanzigsten Deutschen Marketing Tag am 24.10.1997 im Congress Center Messe Frankfurt – mit der blau gedruckten Unterschrift in den steilen Buchstaben des Kongressleiters Erwein Graf Matuschka-Greiffenclau. Motto des Marketing Tages: „Mit Marken Zeichen setzen – Neue Wege zur Dynamisierung von Märkten". Die illustre Referentenrunde war hochkarätig besetzt: Prof. Dr. Helmut Thoma, Geschäftsführer RTL Televison, Anton Wolfgang Graf von Faber-Castell, Britta Steilmann, Dr. Klaus Zumwinkel, Vorstandsvorsitzender Deutsche Post. Graf Erwein, Vizepräsident des Deutschen Marketing Verbandes, hätte um achtzehn Uhr das Schlusswort halten sollen.

Doch dazu kam es nicht mehr.

Graf Erwein, im Hintergrund der charakteristische Schlossturm.

Markus Graf Matuschka-Greiffenclau entspricht durchaus meinen Erwartungen: Tadelloses Auftreten, geschliffene Sprache – er begrüßt mich offen und sehr höflich, ein würdiger Vertreter einer traditionsreichen deutschen Familie.

Graf Markus ist der einzige der Familie Matuschka-Greiffenclau, der zu einem Gespräch mit mir bereit ist. Er wäre die achtundzwanzigste Generation auf Schloss Vollrads gewesen – wenn die Familie das Schloss behalten hätte. Graf Markus ist ein Sohn von Graf Karl, dem älteren Bruder von Graf Erwein. Graf Erwein war der Patenonkel von Graf Markus. Das persönliche Verhältnis des Neffen zum Onkel war „gemischt": Markus mochte ihn, schätzte ihn als Mensch: Er war prinzipientreu erzogen und einer, der sich sehr um andere kümmerte. Graf Erwein hat den jungen Markus beeindruckt: „Als Kind habe ich tolle Sachen mit ihm gemacht: Auto fahren und jagen im Wald zum Beispiel. Erwein ging gerne zur Jagd, er hat sich das Wild regelrecht erarbeitet."

Graf Markus war derjenige in der Familie, der eine Zeit lang auf Schloss Vollrads arbeitete, um mitzuhelfen, den Betrieb zu sanieren. Die Situation von Schloss Vollrads Anfang der Neunzigerjahre: Nach außen glänzten das schöne Schloss und der strahlende Graf – betriebswirtschaftlich war die Lage auf Schloss Vollrads seit Längerem schwierig.

Graf Erwein übernahm 1977 von seinem Vater einen überalterten Betrieb mit hohem Investitionsbedarf. Das Weingut hatte unter Graf Richard eine Exportquote von über neunzig Prozent – wegen der Dollarkrise brach der USA Markt ein. Obwohl Graf Erwein den Verkauf ankurbelte und den heimischen Markt aufbaute, gab es anhaltende strukturelle Probleme im Betrieb: Die Erhaltung der Gebäude („zwei Hektar Dachfläche") und die Bedienung der Kredite waren große Kostenfaktoren, die durch die laufenden Einnahmen kaum erwirtschaftet werden konnten. Was viele betonen – bei allem Respekt vor Graf Erwein: Betriebswirtschaftlich schien er nicht am Detail interessiert zu sein. „Erwein war kein Erbsenzähler – ich schon", meint Graf Markus. „Er war mehr der Grandseigneur, weniger der Mensch mit dem Auftragsblock", so schätzt ihn Karl-Eugen, Graf von Neipperg ein. Hinzu kam das tragische Schicksal des langjährigen Kellermeisters Senft: Er hatte einen Gehirnschlag erlitten und wollte kürzer treten. Aber der Graf hatte das Vertrauen in seinen engagierten Mitstreiter der ersten Jahre verloren und entließ ihn.

Aus dem Ruder liefen auch die Sanierung und der Umbau der Orangerie am Kavaliershaus von Schloss Vollrads. Von 1982 bis 1988 betrieb Norbert Kilzer hier eine einfache Weinwirtschaft – mit großem Erfolg: „Mit achttausend verkauften Flaschen im Jahr haben wir angefangen – zum Schluss waren es neunundzwanzigtausend Flaschen", erzählt der heutige Betreiber der historischen Weinstube GRÜNER BAUM in Oestrich stolz. Kilzers Pläne für den Umbau der Orangerie hätten dreihunderttausend D-Mark gekostet – Graf Erwein strebte aber eine aufwändigere Lösung an. Der Architektenentwurf belief sich auf rund eineinhalb Millionen D-Mark – gekostet haben soll es letztendlich rund vier Millionen. Zudem gab es viel Kritik am Abriss der Orangerie und dem modernen Glasanbau. „Graf Erwein hatte keine gute Menschenkenntnis – er wurde über den Tisch gezogen", schätzt der bodenständige Norbert Kilzer die Situation ein.

Schloss Vollrads hatte Kreditverpflichtungen bei der Nassauischen Sparkasse, kurz Naspa, und der Deutschen Bank. Ihre offene Forderung in Höhe von angeblich einigen Millionen D-Mark verkaufte die Deutsche Bank an die Naspa. Ein gängiges Verfahren in der Bankenbranche: Die Hauptgläubigerin stärkt ihre Position gegenüber dem Schuldner. Das Problem: Der Betrieb erwirtschaftete Gewinn, konnte aber die Schuldenlast nicht mehr verkraften. Graf Markus analysiert: „Die tatsächlichen Schulden beliefen sich damals auf 16,4 Millionen D-Mark. Vor Zinszahlungen, Abschreibung und Steuer konnte der Betrieb ca. 1,1 Millionen D-Mark erwirtschaften. Das bedeutet eine maximale Schuldenlast von 9 bis 12 Millionen D-Mark. Die Kreditzinsen betrugen damals teilweise zwölf Prozent!" Von einem Schuldendienst von bis zu 1,1 Millionen D-Mark ist die Rede. Als problematisch schätzt Graf Markus auch die Kommunikation zwischen Graf Erwein und den Banken ein: „Erwein hatte sich in eine Situation manövriert, die es ihm sehr schwer machte, mit der Bank sachlich und geschäftsmäßig zu sprechen."

Anfang der Neunzigerjahre wird die finanzielle Schieflage auf Schloss Vollrads bedrohlich: „Schon 1992, bei meinem Amtsantritt, war es ein schwieriges Kreditengagement", formuliert es mir gegenüber Anton Mauerer, Vorstandsvorsitzender der Naspa von 1992 bis 2002. Das Kreditengagement mit Schloss Vollrads gehörte bei der Naspa zu den größeren und wurde deshalb später auch in einem Sonderrahmen behandelt.

Der klamme Graf ließ nichts unversucht: Der Frankfurter Geschäftsmann Ernst-Ludwig Schulz unterstützte ihn mit einer Million D-Mark – als Sicherheit wurde auf das Graue Haus eine Grundschuld eingetragen. Ernst-Ludwig Schulz übernahm schließlich nach dem Tod von Graf Erwein das historische Gebäude komplett.

Im Zuge der zunehmenden Verschuldung musste sich Graf Erwein von Besitz trennen – Graf Markus meint auf Drängen der Bank. 1985 verkauft der Graf den Mapper Hof an den Landwirt Alexander Heinecke.

Die Ursprünge des historischen landwirtschaftlichen Betriebes gehen auf 1173 zurück: Die Zisterzienser von Kloster Eberbach erwarben das Gelände im Rheingauer Hinterlandswald, um ihren Bedarf an Holz zu decken. Nach der Rodung wurde der Hof angelegt, auf dem Viehwirtschaft und Ackerbau betrieben wurde. 1649 verkaufte der Eberbacher Abt Christoph das Hofgut an Friedrich von Greiffenclau zu Vollrads. Die ursprünglichen Gebäude sind nicht erhalten. Auch das 1749-53 entstandene Wohngebäude wurde um 1986 durch einen Neubau ersetzt. 1938 ließen Richard Graf Matuschka-Greiffenclau und seine Frau Eleonore eine kleine Kapelle am Waldrand südlich vom Mapper Hof errichten. Auf der angebrachten Tafel steht diese Inschrift:

Den Mapper Hof rodete Kloster Eberbach vor 1200
Rheingauer Generalhaingericht tagte hier 1226
Kauf durch Friedrich von Greiffenclau
Wohngebäude 1749-53
1938 erstellten diese Kapelle Richard und Eleonore Matuschka-Greiffenclau
Josef-Statue stiftete Gräfinmutter Clara.

Graf Matuschka plante noch einen exklusiven Golfplatz mit Helikopterlandeplatz am Hofgut – doch dazu kam es nicht mehr. Seit 1994 befindet sich das Hofgut im Besitz der Familie Köllmann-Anders. Nach einem Umbau 1998 wird das historische Anwesen als Gestüt zur Zucht von Vollblütern und als Location für Veranstaltungen mit Gästehaus genutzt.

Es hieß damals, Graf Erwein wollte acht Millionen für den Mapper Hof und habe nur zwei Millionen D-Mark erhalten – aber das ist Spekulation. Graf Markus hält den Verkauf des Mapper Hofs für eine richtige Entscheidung – hatte doch das Hofgut keinen strategischen Wert für das Weingut Schloss Vollrads.

Wesentlich kritischer schätzt er Graf Erweins Verkauf der Anteile am Weingut Robert Weil ein. Zusammen mit der japanischen Firma Suntory hatte Matuschka-Greiffenclau das damals finanziell schwächelnde Kiedricher Weingut gekauft. Die Kontakte zu dem japanischen Konzern Suntory, der zu den fünf größten Spirituosenkonzernen weltweit gehört, gehen auf Graf Richard, Erweins Vater, zurück. Graf Erwein vertiefte diese Beziehung. Seit Anfang der Achtzigerjahre exportierte er Vollradser Wein an Suntory – der Markt in Japan boomte: Zuwachsraten beim Weinkonsum lagen in Japan in den Achtziger Jahren teilweise bei sechsundzwanzig Prozent jährlich. Ich erinnere mich an eine Begegnung mit Graf Erwein: In der ZDF-Sendung „tele-illustrierte" berichtete er über sein Exportgeschäft und stellte eine Flasche Riesling mit japanischem Etikett vor – damals noch sehr ungewöhnlich. Suntory Chef Keizo Saji, ein großer Weinfreund, wollte nach Einkäufen von Weingütern in Bordeaux und Kalifornien auch in Deutschland ein

Weingut kaufen. „Suntory hat meinem Onkel sechzig Millionen D-Mark für Schloss Vollrads geboten. Das entsprach damals dem Preis von hundert Quadratmeter Bauland in Tokio", erinnert sich Graf Markus. Graf Erwein lehnte ab: Schloss Vollrads war für ihn unverkäuflich. Aber der japanische Markt war wichtig für Vollrads. Er wollte den Fernostmarkt für deutschen Wein aufbauen, ohne dass seine komplette Ernte „geschluckt" wird. Deshalb erwarb er am 30. September 1988 mit Suntory das Weingut Robert Weil – Erwein hielt fünfundzwanzig Prozent und fungierte als alleiniger, persönlich haftender Gesellschafter, Suntory übernahm fünfundsiebzig Prozent. Wilhelm Weil war damals gerade fünfundzwanzig Jahre alt und wurde voll verantwortlicher Gutsdirektor.

In den ersten vier Jahren investierte Suntory 12,4 Millionen D-Mark: Die Rebfläche des kleinen, aber feinen Weingutes wurde von achtzehn auf fünfunddreißig Hektar vergrößert, zudem wurde in die Kellerwirtschaft investiert. Das Weingut Robert Weil gehört heute zu den Top-Weingütern in der Welt und produziert auf neunzig Hektar Rebfläche sechshundertfünfzigtausend Flaschen jährlich. Graf Erwein verkaufte nur wenige Jahre nach dem Erwerb seine kompletten Anteile zum Einstiegspreis an Suntory. Graf Markus meint, dass die Naspa den Grafen zum Verkauf gezwungen hat. Nach seiner Einschätzung verlor Graf Erwein durch diese Aktion „sein Gesicht und seine Reputation" gegenüber den japanischen Geschäftsfreunden – seine Strategie für den japanischen Markt war gescheitert. Diese Darstellung scheint mir nicht wahrscheinlich – weshalb sollte die Bank ein Interesse an einem wirtschaftlichen Nachteil von Graf Erwein haben?

1993 macht Vollrads bereits wieder 570.000 D-Mark Gewinn, was allerdings bei weitem nicht ausreicht, um Zinsen und die Tilgung der Schulden zu bedienen. Ab Ende 1994 hilft Graf Markus auf Schloss Vollrads. Der damals neunundzwanzigjährige Unternehmensberater macht sich bei den Mitarbeitern nicht beliebt: Alle Rechnungen mussten nun über seinen Schreibtisch gehen. Graf Markus war irritiert über die betrieblichen Abläufe: „Es gab zum Beispiel keine richtige

Lagerbuchhaltung. Es wurde Wein verkauft, ohne Dokumentation der Weinentnahme. Es gab keinen zentralen Einkauf für Gutsausschank und Graues Haus." Im Stile eines modernen Controllings führte Graf Markus wöchentliche Meetings ein.

Markus zählte die Besucher der lukullischen Weinproben. Er verstand nicht, dass da nicht verkauft wurde, noch nicht mal eine Preisliste wurde verteilt. „Wir müssen Wein verkaufen!", meinte er. „Das ist unter Niveau", entgegnete die für Veranstaltungen zuständige Mitarbeiterin. „Natürlich haben die mich auf Vollrads nicht gemocht – plötzlich war Kontrolle da", ist sich Graf Markus sicher. Der Anteil von sechs Prozent Privatkunden war viel zu wenig. Dank Markus blühte das Privatkundengeschäft auf – so erinnert er sich.

Hohe Mietkosten verursachten damals auch Weine, die in fremden Lagern eingelagert waren. Die Weine daraus wurden ins östliche Ausland verkauft – sie sollten nicht auf den deutschen Markt kommen, um das Preisniveau der Vollradser Weine nicht zu gefährden. Durch ungeklärte Umstände gelangten die Weine doch in den deutschen Schnäppchenmarkt. Ein 1988er Vollrads Riesling Kabinett tauchte mit dem Preisetikett „1,99 DM" in den Regalen eines Discounters auf. Damals wurden Vollradser Weine in dem Preissegment zwischen zehn und zwanzig D-Mark verkauft. Der Aufschrei in der deutschen Weinwelt war groß – eine peinliche Affäre für Graf Erwein. Die BILD Zeitung spottete: *„Wird Greiffenclau denn niemals schlau?"* Als der Deal rauskam, nahm Markus die Schuld auf sich – obwohl es eigentlich Erwein war, der das Geschäft veranlasst hatte, so erzählt es Graf Markus. Nach eigenen Angaben „ohne Streit mit Erwein" verließ Graf Markus Schloss Vollrads wieder.

1994/95 scheint sich innerhalb des Familienclans Matuschka-Greiffenclau ein Konflikt zu verschärfen: Der Vater von Graf Markus, Graf Karl, hatte auf die Erbfolge verzichtet – das galt aber offensichtlich nicht für den Sohn. Unter dem Titel *„Dallas im Rheingau"* schreibt DER SPIEGEL in seiner Ausgabe vom 20.2.1995: *„Das älteste Weingut Europas* *ist überschuldet, die Hausbank verhandelt bereits mit potentiellen Käufern. Während im Rheingau spekuliert wird, wem die Hausbank der Matuschkas, die Nassauische Sparkasse, das „Denkmal deutscher Weinkultur" (DIE WELT) zuschlagen könnte, tobt hinter der Fassade ein Erbfolgekrieg um Schloss und fünfzig Hektar Weinberge – Dallas im Rheingau."*

Zwar hatte Karl Matuschka, der ältere Bruder des Grafen Erwein, „wegen bürgerlicher Heirat" einst auf sein Erbe verzichtet, doch nur für sich – seine Nachkommen sind wieder mit im Spiel. Und die wollen nicht zulassen, dass der Zweitgeborene Erwein den Familienbesitz in fremde, womöglich gar bürgerliche Hände geraten lässt. Graf Karl: „Die Weinbau treibende Verwandtschaft hat sich um Erweins Neffen geschart."

Mit seinem Onkel Erwein hat Neffe Markus, neunundzwanzig, schon zum Jahresende 1994 eine intensive Diskussion über die Zukunft von Vollrads und wie man den drohenden Verlust des Familiensitzes vermeiden könnte.

Graf Markus lässt mit Hilfe von Anwälten den Erbanspruch ins Grundbuch eintragen – eine Besonderheit des adligen Erbrechts. DER SPIEGEL zitiert Anton Mauerer von der Naspa dazu: „Jetzt muss ich auf meine alten Tage auch noch adeliges Erbrecht lernen."

Parallel zu den sich verschärfenden Finanzproblemen baut sich eine neue Front auf: Graf Erwein muss sich gegen Kritik an der Weinqualität der Vollradser Weine wehren. Am 26. Oktober 1995 stellt die Anwaltskanzlei Woedtke Reszel & Partner im Auftrag von Graf Erwein den Antrag auf Erlass einer einstweiligen Verfügung: Dem HANDELSBLATT soll untersagt werden, den in der Zeitschrift DM im Oktober erschienenen Artikel *„Die hundert besten Weingüter – Adel verzichtet"* weiter vertreiben zu dürfen. Der Hintergrund dazu: Seit 1985 erscheint die vielbeachtete Liste der hundert besten Weingüter – bis 1992 war Schloss Vollrads vertreten. Doch dann schaffen es die Schlossweine nicht mehr in den Wein-Olymp. Autor Peter-Paul Falkenstein war am 25.7.1995 zu einer Unterredung mit dem Grafen im Rheingau – Hans-Josef Eisenbarth und Richard Nägler vom Rheingauer Weinbauverband waren mit anwesend. Das Gespräch dient als Rahmenhandlung für den Artikel in der Zeitschrift DM – starker Tobak für Graf Erwein:

„Vor einem Jahr war Erwein Graf Matuschka-Greiffenclau noch ein Mann der flotten Rede, lockerzüngig und nie um eine Pointe verlegen. Doch nun gibt sich der Präsident des Rheingauer Weinbauverbandes wortkarg und vorsichtig. [...] Nicht nur mit seinem eigenen Weingut Schloss Vollrads in Winkel steckt der Graf in Nöten, auch der gesamte Rheingau, bislang Deutschlands Vorzeige-Region in Sachen Wein, zeigt Schwächen. [...] Vor allem die Güter des Adels zeigen sich heute nur noch in mäßiger Verfassung. Schloss Johannisberg und Schloss Vollrads, Fürst Löwenstein und Graf Schönborn, Prinz von Hessen und Ritter von Goenesteyn, die Freiherren von Zwierlein und Langwerth von Simmern – Namen, vor denen sich früher die Welt verneigte, sind heute nur noch zweite Klasse, oft nicht einmal das. Adel verzichtet auf Spitzenweine."

Über Monate zieht sich der Rechtsstreit beim Landesgericht und Oberlandesgericht Frankfurt hin – abschließend wird die Klage vom Oberlandesgericht in weiten Teilen abgewiesen. Bei der Jonglage zwischen Meinungsfreiheit und Wettbewerbsverzerrung neigte das Gericht die Waage eher in Richtung Meinungsfreiheit. Der Konflikt zeigte auch: Graf Erwein, „Deutschlands bekanntester Winzer", der Pop-Star der Szene, legte sich mit den damaligen Stars der Weinjournalisten Armin Diel, Joel Payne, Rudi Knoll, Stuart Pigott, Jürgen Mathäß, Michael Hornickel und Peter-Paul Falkenstein an.

Graf Erwein reagierte dünnhäutig auf Kritik, beklagt sich über „geradezu niederschmetternde Presseveröffentlichungen". Manche Weinpublizisten wie Peter Meininger von der Fachzeitschrift DER DEUTSCHE WEINBAU stützten den Grafen und verbaten sich solche Kritik bei einem Denkmal der Weinkultur wie Schloss Vollrads. In der Januar-Ausgabe von VINUM 1996 veröffentlicht Rudi Knoll den Artikel: „Wein, Weib & Moneten", Untertitel: „Traditionsreiche Weingüter kämpfen in Deutschland ums Überleben, die Mittel für dringend notwendige Investitionen fehlen." Graf Erwein wird in dem Artikel zitiert:

„‚Zu dem Thema sage ich kein Wort, weder ja noch nein', bellt Erwein

Graf Matuschka-Greiffenclau ins Telefon. Das Thema war die Zukunft von Schloss Vollrads. Der Redaktor wollte nur wissen, ob das neueste Gerücht wahr sei, dass das 785 Jahre alte Weingut endlich saniert worden sei. Matuschka wollte sich dazu nicht äussern. Von Konkurs war ebenso die Rede wie von einer ‚Familienlösung' und einem Verkauf des Rheingauer Vorzeigehauses. [...] ‚Vollrads ist ein Strukturproblem', meint Stefan Ress, Vorsitzender der Rheingauer Sektion des VDP."

Der Verleger Peter Meininger kritisierte Rudi Knolls Artikel in Stil und Inhalt. Graf Erwein schrieb ihm daraufhin am 28. Februar 1996 einen dankbaren und zugleich anklagenden Brief:

„Die Pressekampagne der Weinjournalisten Pigott, Espe (Anmerkung: Peter-Paul Falkenstein), Knoll und Diel riecht sehr nach einer konzertierten Aktion. In zeitlich regelmäßigen Abständen werden Artikel veröffentlicht, die in Stil und Inhalt hohe Ähnlichkeit aufweisen und eindeutig darauf abzielen, den Weinverkauf von Vollrads zum Erliegen zu bringen und finanzielle Unterstützung durch Dritte zu verhindern. Vielleicht erhoffen sich diese Herren durch ihre exemplarische Vorgehensweise, die Branche gefügig machen zu können, um nach ihrer Vorstellung für immer Herren des deutschen Weingeschehens zu werden."

Dass Graf Erwein hinter den kritischen Artikeln eine Verschwörung der Weinjournalisten witterte, lässt sich wohl nur durch den Stress erklären, den die finanzielle Situation auf Schloss Vollrads bei ihm auslöste. Nach meiner Einschätzung gab es keinen Weinjournalisten, der ihm bewusst schaden wollte – im Gegenteil. Klar ist aber auch, dass herausragende Galionsfiguren auch bei Kritik in der ersten Reihe stehen. Wer dann negative Schlagzeilen als Majestätsbeleidigung versteht, verschärft die Situation eher noch.

Graf Erwein vor dem Kamin in der Schlosshalle.

Am 6. Februar 1996 unterschreibt Erwein Graf Matuschka-Greiffenclau eine Vollmacht der Naspa: Er bevollmächtigt die Bank, „direkten Kontakt mit potentiellen Erwerbs- bzw. Beteiligungsinteressenten hinsichtlich seines Unternehmens Schloss Vollrads aufzunehmen." Allen Beteiligten scheint klar zu sein, dass die „wirtschaftlich vorteilhafte Abwicklung des Kreditengagements" nur durch die Hilfe Dritter möglich sein könnte. Alle Beteiligten eint auch das Interesse, „Schloss Vollrads als Ganzes zu erhalten". Es gibt zu diesem Zeitpunkt einige Kauf- und Beteiligungsinteressenten – sogar in der Presse erscheinen alle paar Wochen neue Namen. Die Branche ist elektrisiert: Ein Filetstück der deutschen Weinkultur schien zum Verkauf zu stehen.

Schon vorher zeigt auch die Familie ihr Interesse: Bereits im April 1995 gibt Graf Markus zusammen mit Karl-Eugen Graf von Neipperg und einer Investmentgesellschaft der Hessischen Landesbank ein verbindliches Angebot ab. Die Gruppe hätte eine GbR (Gesellschaft bürgerlichen Rechts) gegründet. Graf Markus: „Daneben sollten weitere Gesellschaften gegründet werden, die das Weingut, das Gutsrestaurant und die lukullischen Weinproben hätten betreiben sollen. Gesellschafter aller dieser Gesellschaften sollen Graf Markus, Graf Neipperg sowie eher ‚symbolisch', zu kleinen Teilen, Graf Erwein sein. Gemäß des schriftlichen Angebots sollten als Gegenleistung für die Übernahme der Grundstücke und Immobilien Schloss Vollrads einschließlich des gesamten Inventars und Zubehörs, mithin des Unternehmens Schloss Vollrads in toto, der NASPA Gesamtwerte in Höhe von 13,8 Millionen D-Mark zufließen, nämlich 10,5 Millionen D-Mark als liquide Mittel zuzüglich des Eigentums am Grauen Haus (Wert: 1,8 Millionen D-Mark) und des Weinvorrats der Jahre 1988 bis 1992 (Wert: 1,5 Millionen D-Mark). Nach Angaben von Graf Markus hatte die Gruppe während der Verhandlung, die in den Geschäftsräumen der Hessischen Landesbank stattfand, das Angebot auf 14,8 Millionen DM erhöht. Graf Markus glaubt, „dass die Familientragödie, die zu dem Freitod der zwei Brüder und zum Verlust des jahrhundertealten Familiensitzes führte, nicht passiert wäre, wenn die Naspa sich diesem verbindlichen Übernahmeangebot im Frühjahr 1995 nicht verweigert hätte."

Nach Aussagen mehrerer Zeitzeugen war auch diese Lösung Graf Erwein nicht leichtgefallen.

Karl-Eugen Erbgraf Neipperg ist ein direkter Vetter von Graf Erwein: Sein Vater Josef Hubert von Neipperg ist der Bruder von Erweins Mutter Eleonore.

Auch Graf Karl-Eugen weiß, was es bedeutet, wenn man ein altes Schloss als Firmensitz erhalten muss: Er verwaltet in Schwaigern/Württemberg das historische Familienanwesen mit 30 Hektar Weinbergen, zudem umfangreichen Wald- und landwirtschaftlichen Flächen. Lemberger ist mit über einem Viertel die wichtigste Rebsorte: Man sagt, die Familie Neipperg habe die Rebsorte aus Österreich eingeführt – dort heißt sie „Blaufränkisch". Als der Württemberger 1977 bis 1979 in Geisenheim Landwirtschaft studierte schaute er ab und an in Schloss Vollrads vorbei. Später dann blieb der Kontakt über die gemeinsame Mitgliedschaft im VDP bestehen. Die Wertschätzung für den Rheingauer blieb: „Graf Erwein war ein Mann des Wortes, hat sehr gut gesprochen und formuliert."

Dass es wirtschaftliche Probleme auf Schloss Vollrads gab hörte er bei der ersten Dollarkrise – Vollrads hatte eine sehr hohe Exportquote. „Alte Gebäude sind immer eine Last, aber auch eine Chance, ein Anziehungspunkt: Nach Schloss Johannisberg pilgern die Leute", so schätzt Graf Karl-Eugen die Situation adliger Betriebe ein. 1995 spricht er mit Erwein über eine Rettung von Vollrads – er hatte mitbekommen, dass die Situation schwierig ist, dass die Bank Lösungen sucht. Verwandtschaft hin oder her: „Wer Geld setzt oder Geld bringt, wird versuchen, die zukünftige Firmenpolitik zu beeinflussen."

Gustav Adolf Schaeling (verstorben 2015) war ein Bankdirektor wie aus dem Bilderbuch: Der Jurist arbeitete bei der Dresdner Bank, in Chicago baute er eine Geschäftsstelle auf. 1976 wurde er persönlicher Assistent des Vorstandssprechers Jürgen Ponto bis zu dessen Ermordung 1977. Von 1982 bis 1993 war er Leiter der Geschäftsstellen der Dresdner Bank in Wiesbaden. Der vielseitig interessierte und gut vernetzte Banker gründete den Presseclub Wiesbaden und war dessen erster Präsident bis 1992. Der Weininteressierte übernahm mit vier weiteren Gesellschaftern 1982 von einer Tochtergesellschaft der Dresdner Bank die Sektkellerei Schloss Vaux in Eltville und sanierte sie. Mit dabei war auch der Dresdner Bank Vorstandssprecher und ehemalige Wirtschaftsminister Dr. Hans Friderichs. Schaeling organisierte auch die Sanierung von Burg Crass in Eltville – er kannte sich also auch mit alten Bauwerken aus. Schon 1982 machte er dem Grafen „seine Aufwartung". Er war von der Attitüde des Adligen beeindruckt – ebenso von Schloss Vollrads: „Ein Monument der deutschen Weinkultur" so erinnerte er sich im Gespräch mit mir. Finanziell schien alles in Ordnung – in Wirklichkeit war Graf Erwein schon verschuldet. Schaeling erinnert sich an einen gemeinsamen Flug mit Graf Erwein von London nach Frankfurt: Erwein erzählte von einer Wineparty in Houston mit tausend Gästen. „Ich dachte: Mein Gott, was für ein toller Mann! Er hatte alles selber bezahlt. Die Leute haben ihn angehimmelt – den Ernst der Lage hat er lange Zeit verdrängt."

Erst mit dem Skandal um den billigen Wein hörte Schaeling wieder von Vollrads, erfuhr von den nahezu unlösbaren finanziellen Problemen.

Von verschiedenen Seiten wurde „der Retter von Schloss Vaux" angesprochen wegen seiner Weinkompetenz. „Eine Reihe von Leuten haben sich mit mir unterhalten, wollten wissen, ob man behilflich sein kann", erinnert er sich. Es fand sich eine Gruppe potenter Geldgeber die bereit waren, Schloss Vollrads zu übernehmen. Gustav Adolf Schaeling wurde bevollmächtigt, im Namen der Gruppe Verhandlungen zu führen. Der Banker nahm Kontakt mit Graf Erwein auf – es kam zu zwei Gesprächen, zwischen denen eine längere Pause lag. Schaeling sprach auch mit der Naspa. Das Thema war damals kein Geheimnis, sogar in den Zeitungen war zu lesen: „Naspa sucht Käufer in Abstimmung mit Graf Erwein".

„Ein Konzept muss man haben, Geld ist weniger das Problem", dachte damals der Rheingauliebhaber Schaeling und beauftragte Dr. Rowald Hepp, ihm eine Expertise über den wirtschaftlichen Zustand von Schloss Vollrads zu erstellen. Rowald Hepp aus Franken hatte als Nachfolger von Hans Ambrosi ab 1990 die Hessischen Staatsweingüter Kloster Eberbach geführt, dann ging er als Leiter zum Staatlichen Hofkeller in Würzburg. Rowald Hepp hatte während seiner Rheingauer Zeit Wertschätzung durch Graf Erwein erfahren und stellte deshalb eine Bedingung: „Nur wenn Graf Erwein einverstanden ist" war er bereit zu einem Gutachten. Erwein hatte nichts dagegen – er hatte wohl Vertrauen zu dem jungen Weinexperten.

Die Analyse von Rowald Hepp war durchweg positiv: „Weinberge in Ordnung, der Betrieb kann profitabel wirtschaften." Gustav Adolf Schaeling sondierte weiter das schwierige Rheingauer Terrain. Er sprach auch mit dem Frankfurter Unternehmer Claus Wisser – es zeichnete sich aber rasch ab, das Graf Erwein an den „roten" Investor, Wisser stand der SPD nahe, nicht verkaufen mochte. Schaeling traf sich ebenfalls mit Graf Karl Matuschka, auch Hans Friderichs war mit dabei: „Die Familie hatte kein Geld. Es war ein unergiebiges Gespräch, auch Graf Markus war für mich kein ernstzunehmender Partner", bewertet der erfahrene Banker die Verhandlungen mit der Familie.

Schaeling hält Graf Erwein für einen „emotional gesteuerten Menschen": Der Schlossherr wusste um das Ausmaß seiner Verschuldung – er verweigerte sich aber gegenüber allem, was die Naspa vorschlug.

„Unter allen Umständen droht die Zwangsversteigerung" sagte Schaeling unumwunden dem Grafen. „Erwein hat das nicht kapiert. Er hielt sein Schloss für viel wertvoller als seine Schulden."

Das letzte Gespräch zwischen Gustav Adolf Schaeling und Graf Matuschka fand 1995 in den Räumen des Sektgutes Schloss Vaux in Eltville statt. Per Handschlag wurde der Verkauf des Weingutes inklusive aller Gebäude vereinbart. Nach der Erinnerung des Bankers war es ein sehr emotionales Gespräch – Erwein weinte. Graf Matuschka wäre Aufsichtsratsvorsitzender geworden, sein Ruf sollte gewahrt bleiben, aber de facto hätte er beim operativen Geschäft nichts mehr zu sagen gehabt. Damit war Erwein einverstanden, von allen Lösungen war diese für ihn wohl die einzig akzeptable. Er hätte einen Verkauf mit der Wahrung seines Gesichtes überlebt. „Herr Schaeling, Sie bekommen eins der schönsten Schlösser Deutschlands!", erklärte der Graf abschließend und musste wieder weinen.

Gustav Adolf Schaeling erzählt, dass er nach dem Gespräch richtig erledigt war, so sehr hatte ihn die schwierige Situation des Grafen mitgenommen.

Nach diesem denkwürdigen Treffen meldete sich Graf Matuschka tagelang nicht, er wich dem Banker aus. Nach drei Wochen traf Schaeling ihn bei einer Gelegenheit – der Wein-Graf wich ihm aber wieder aus. Damit war diese Option erledigt. Schaeling war sogar in gewisser Weise erleichtert: Er hatte keine Fachleute im Boot, um das Weingut zu übernehmen. An einem Scheitern wollte er nicht schuld sein.

Am 9.10.1996 meldet die BILD Zeitung: *„Die Firma WIV Wein International in Burg Layen, ehemals Pieroth, bietet 12,5 Millionen D-Mark für Schloss Vollrads."*

Peter Winter, heute Besitzer des Weingutes Georg-Müller-Stiftung in Hattenheim, war damals Vorstandsvorsitzender von WIV. Er bestätigt das Angebot: „Ich habe persönlich mit Graf Matuschka und Anton Mauerer von der Naspa verhandelt, war auch privat mit meiner Frau zwei, drei Mal beim Grafen auf Schloss Vollrads. Die Verhandlungen waren sehr weit gediehen." Winter war sich durchaus bewusst, das Adlige sich nicht von ihrem Besitz trennen können. Sein Konzept: Eine Vertriebsgesellschaft wird gegründet, die Gebäude von Schloss Vollrads werden angemietet – der Graf bliebe Eigentümer. Über die Summe war man sich mit der Naspa einig. „Das Weingut war in einer schwierigen Situation: Von einer Flasche verkauften Weins gingen drei D-Mark in die Gebäudeerhaltung, zwei D-Mark in die Zinszahlung", analysiert Peter Winter die damalige Situation. Die Verhandlungspartner gingen positiv gestimmt auseinander – aber schnell wurde klar: Graf Erwein wollte nicht. Er wollte kein „Grüß-August" sein.

Michael Herrmann ist Intendant des Rheingauer Musik Festivals. 1987 gründete er das über die Grenzen des Rheingaus bekannte Kulturspektakel, unterstützt von seinem Freund, dem Frankfurter Unternehmer Claus Wisser. Michael Herrmann war schon immer an Musik interessiert – er hat große Dirigenten besucht, hatte Gesangsunterricht genommen. Zehn Jahre lang war er auf den kanarischen Inseln, hat dort das Haus von Justus Frantz betreut. Er lernt Prominente wie Leonard Bernstein, Bundeskanzler Helmut Schmidt und Jürgen Ponto kennen – damals entsteht sein Netzwerk. In seinem Freund Claus Wisser findet er den idealen Geschäftspartner: Der Unternehmer entwickelt das Sponsorenmodell und stellt Kontakt zu den Firmen her.

Ich besuche den Intendanten in Oestrich, dort hat das Rheingau Musik Festival seinen Sitz. „Ich spreche auch im Sinne von Claus Wisser", versichert mir Michael Herrmann. In der Anfangsphase des Rheingau Musik Festivals war das Gespräch mit den Meinungsträgern im Rheingau schwierig: Nach der Erinnerung von Herrmann hat zum Beispiel Graf Erwein die Veranstaltung rundweg abgelehnt: „Wir haben keine Hotels, keine Infrastruktur, keinen Saal – gehen Sie zur Fürstin!"

Damit meinte er Tatiana von Metternich-Winneburg, Fürstin auf Schloss Johannisberg, die zuerst auch skeptisch war, dann aber Vorsitzende des Kuratoriums wurde. Graf Erwein blieb dem Festival gegenüber negativ eingestellt. Herrmann führt dies auf ein Missverständnis zurück: Er glaubte, dass das Musik Festival nicht mit den Winzern zusammenarbeiten würde – was nicht stimmte. Die Fürsprache von Hans Ambrosi beim Grafen half dann: „Sie müssen ins Kuratorium!" Graf Erwein veranstaltete damals ein Jazzfestival auf Schloss Vollrads, das allerdings häufig verregnet war. Als dann Vollrads beim Musik Festival mitmachte, dort das Musical West Side Story und später das große Schlossfest von Sonnenschein verwöhnt wurden, kommentiert der Graf das Wetter mit einem Bonmot: „Immer Regen – dann kommt ‚Gott Herrmann' und die Sonne scheint!" Beim Schlossfest stellte der Graf auch seinen Streitwein vor: „Schenkt dem Herrmann eine Flasche – wird er ohnehin nie aufmachen."

Im November 1996 fragt die Naspa beim Unternehmer Claus Wisser an, ob er nicht Interesse an einem geschäftlichen Engagement auf Schloss Vollrads hätte. Claus Wisser und Michael Herrmann haben Interesse: Schloss Vollrads könnte Sitz vom Rheingauer Musik Festival werden, ein Schulungszentrum wäre denkbar. Die Strahlkraft von Schloss Vollrads würde gut zu einem Kulturfestival passen. Graf Erwein ist mit einem Treffen einverstanden und reist mit Jutta Nikolai zu einer „Klausurtagung" nach Rottach-Egern, übernachtet dort, man fährt gemeinsam zum Sternerestaurant von Heinz Winkler. Intensiv wird über ein Konzept zur Sanierung von Schloss Vollrads gesprochen. Claus Wisser schlägt nach der Schilderung von Michael Herrmann kein Kauf-, sondern ein Hilfsangebot vor: Der Unternehmer bietet eine persönliche Bürgschaft an. Seine Bedingung: Die Bücher werden von Wirtschaftsprüfern geführt – sonst droht die Übernahme. Gemeinsam spazieren sie durch den Wald, Jutta Nikolai hakt sich bei Michael Herrmann unter. Der Graf erbittet sich eine Bedenkzeit von zehn Tagen, dann kommt die klare Antwort: „Ich lasse mir von niemanden in die Bücher schauen!"

Später wird der Graf mit dem Spruch zitiert: „Ich verkaufe mein Schloss nicht an eine rote Putzfrau!" Eine Anspielung auf das Reinigungsunternehmen von Claus Wisser und seine politische Nähe zur SPD.

Klaus Nieding ist heute einer der prominentesten und renommiertesten Anlegerschutzanwälte und Fachanwalt für Bank- und Kapitalmarktrecht. Mit über zwanzig Jahren Erfahrung in juristischen Belangen der Kapitalanlage hat er sich einen Namen gemacht. In Presse und Fernsehen wird er regelmäßig als Experte für alle Belange der Kapitalanleger konsultiert. Er ist Vizepräsident der Deutschen Schutzvereinigung für Wertpapierbesitz e.V.: Seit 1987 engagiert sich der Rechtsanwalt Nieding für private Kapitalanleger und institutionelle Investoren, national und international.

Klaus Nieding stammt aus dem Ruhrgebiet, ist in bescheidenen Verhältnissen aufgewachsen, der Vater war Handwerker, die Mutter Putzfrau. Beide haben hart gearbeitet, damit der Sohn studieren kann. Der Anwalt ist 27 Jahre alt, als er 1991 Graf Matuschka kennenlernt. Er vertritt den Grafen juristisch – es geht gegen eine Bank. Die Kanzlei ist für ihre professionelle Öffentlichkeitsarbeit bekannt. Das gefällt dem Grafen, er freundet sich mit dem Anwalt an. Beide verbindet auch die Jagdleidenschaft. Graf Erwein war für Nieding ein „engster väterlicher Freund". Auch Jahrzehnte später geht ihm das Schicksal des Grafen sehr nahe. „Die Naspa war im Umgang mit Schuldnern nicht zart besaitet", erinnert sich der Anwalt. „Zur Zeit des Kreditengagements mit der Deutschen Bank war alles überschaubar, die Naspa ist dem Grafen hinterhergelaufen, weil er ein Aushängeschild war." Nieding hält die Umschuldung für falsch: „Bei späteren Verhandlungen konnte man sich nicht mehr wehren. Wenn es mehr Beweglichkeit gegeben hätte, vor allem von Seiten der Bank, hätte es eine Lösung gegeben."

Klaus Nieding entwickelt mit dem Grafen Lösungskonzepte: Zum Beispiel sollten der Besitz und die Betriebsgesellschaft geteilt werden. Es soll einen interessierten Investor aus der Industrie gegeben haben – der hätte dem Grafen mehr Raum gelassen. Nieding schlägt der Naspa einen Schuldenerlass gegen einen sogenannten „Besserungsschein" vor: Bei günstiger wirtschaftlicher Entwicklung von Vollrads wären die Schulden wieder fällig geworden. Aber die Sparkasse lässt sich nicht darauf ein.

Grundsätzlich war aus Sicht seines Anwalts Graf Erwein für Lösungen immer aufgeschlossen: „Der Schuldner Matuschka kommt in regelmäßigen Abständen, also alle zwei Monate, zur Naspa." Man arbeitet an Konzepten – findet aber keine für beide Parteien tragbare Lösung.

Der Graf will seine Eigenständigkeit erhalten – die Sparkasse will einen Investor mit Geld und Einfluss.

Anton Mauerer war von 1992 bis 2002 Vorsitzender des Vorstands der Naspa in Wiesbaden – das 1840 gegründete Geldinstitut war damals die fünftgrößte Sparkasse in Deutschland. Das Kreditengagement von Schloss Vollrads wurde von Kollegen betreut, aber der Vorsitzende war mit involviert. Den Grafen lernte er auf geschäftlichen Terminen kennen – aber auch bei Weinproben. Mauerer lebt heute in München: „Aber der Rheingau geht mir schon ab!", bedauert er. „Graf Erwein war sehr eloquent, hatte ein entsprechendes Auftreten. Er wirkte nicht wie ein Bittsteller", erinnert sich der Banker. In unserem Gespräch ist spürbar, dass ihm die Geschichte nachgeht. „Bei Sanierungskonzepten geht es darum, wie viel Kompetenz abgegeben wird, darüber war mit dem Grafen nicht zu reden."

Aus Sicht der Naspa bleiben drei ernsthafte Bieter für Schloss Vollrads: Claus Wisser, die Gruppe um Gustav Adolf Schaeling und WIV – aber alle drei Angebote scheitern an der mangelnden Bereitschaft des Grafen, den Investoren Einfluss zu gewähren.

Laut Mauerer wollte die Naspa Graf Erwein gelegentlich unter Druck setzen und hat ihm den Konkurs angedroht: „Da blieb er locker und sagte nur: ‚Dann gehe ich eben wieder zu Olivetti!'"

Dem Naspa-Vorsitzenden ist klar: Irgendwann musste irgendein Schritt passieren. Vielleicht war die Sparkasse mit Rücksicht auf den prominenten Schuldner zu großzügig, hat zu lange gewartet – das fragt sich Anton Mauerer später.

Wahlspruch von 1684 am Kamin in der Schlosshalle: Sincere • Fortiter • et • Constanter – aufrecht, stark und beständig.

TRAGISCHES ENDE

Für Montag, den 18. August 1997, elf Uhr wird Graf Erwein zu einer Abschlussbesprechung von der Naspa nicht mehr geladen, sondern einbestellt. Das letzte Sanierungskonzept hatte der Graf zwei Wochen vorher eingereicht. Noch in der Woche vorher gab sich Matuschka optimistisch: Sein ehemaliger Sternekoch Egbert Engelhardt traf ihn mit Jutta Nikolai bei seinem Stamm-Italiener „O Sole Mio" in Oestrich-Winkel. „Herr Engelhardt, wir haben es geschafft, wir haben ein Konzept für die Bank, jetzt wird es klappen!", berichtete er gut gelaunt.

Offensichtlich verstand der Graf nicht, dass es um seine Existenz ging. Den Banktermin wollte er nicht wahrnehmen: Er müsse nach Florenz, zum Weingut Marchesi Antinori, wolle bei der befreundeten Familie Urlaub machen und die aus Paris kommende Freundin der Tochter am Flughafen abholen. Graf Erwein bat um die Verschiebung des Termins. Alternativ könnte sein Anwalt Klaus Nieding oder seine Lebensgefährtin Jutta Nikolai den Termin an seiner statt wahrnehmen. Die Geduld von Naspa-Vorstand Anton Mauerer ist erschöpft: Als der Graf nicht erscheint, handelt er. Er schickt einen Boten mit dem Antrag auf Konkurseröffnung zum Amtsgericht Rüdesheim. Um drei Uhr trifft ein Gerichtsbote mit der Nachricht auf Vollrads ein. Wenig später kommt dann auch noch ein Bote von der Naspa mit einem Schreiben: „Leider haben Sie den Termin nicht wie vereinbart wahrgenommen ..." Die Sparkasse macht ernst.

Jutta Nikolai ruft bei Klaus Nieding an: „Der Konkursantrag ist zugestellt worden!"

Der Anwalt bleibt besonnen: „Das heißt erst mal noch nichts. Ruf Erwein an – wir müssen sprechen, er soll sofort zurückkommen. Ruf mich an, wenn er da ist."

Die Lebensgefährtin erreicht den Grafen und der rast umgehend zurück in den Rheingau. Der ehemalige Rallyefahrer fliegt über die Autobahn.

Graf Erwein hat ein großes Netzwerk. Jutta Nikolai versucht Politiker zu erreichen, die vielleicht ihren Einfluss geltend machen können. Sie ruft bei dem damaligen hessischen Ministerpräsidenten Hans Eichel an, er ist nicht erreichbar. Auch Wirtschaftsminister Lothar Klemm ist schon aus dem Hause.

Sie versucht es beim Wiesbadener Oberbürgermeister Achim Exner: Er ist damals auch der Verwaltungsratsvorsitzende der Naspa. Noch ein paar Tage vorher hatte er versprochen, man lasse den Grafen nicht fallen. Später relativiert er diese Aussage: Sie beziehe sich auf das Engagement der Naspa für Vollrads über die gesamte Laufzeit, nicht auf die aktuelle Situation. Jutta Nikolai erreicht nur die Freundin von Exner – die verspricht einen Rückruf.

Der Oberbürgermeister verlangt von Anton Mauerer, den Grafen anzurufen, der aber unterwegs war.

Gegen 23 Uhr telefonieren Jutta Nikolai und Naspa-Vorstand Mauerer. Sie fleht weinend um Aufschub.

„Ich bin hier nur Angestellter. Die Sache ist jetzt bei Gericht und geht ihren Gang."

„Dann sind Sie für alles verantwortlich, was jetzt passiert!", schluchzt Jutta Nikolai.

Kurz nach diesem Telefonat trifft Graf Erwein aus Italien ein. „Er versank im Sofa, als er die beiden Briefe las und sagte: ‚Jetzt ist alles aus!'", äußert sich Erweins Lebensgefährtin später im TV-Interview mit Holger Weinert. „Er fand es menschenunwürdig, wie man mit ihm umgeht. Er sei keine Marionette!", erinnert sie sich an seine Worte.

Der Graf telefoniert mit seinem Anwalt Klaus Nieding. „Das ist die nächste Eskalationsstufe der Naspa. Du bist jetzt müde, lass uns morgen darüber in Ruhe sprechen", beschwichtigt der Jurist.

„Alles klar, kein Problem", antwortet Erwein.

Pause.

„Du denkst an das, was du mir versprochen hast?"

„Ich weiß, wie ich zu reagieren habe – aber mach dir keine Gedanken: in dieser Richtung nicht."

Im Vorfeld hatten beide schon mal darüber gesprochen, dass eine 800-jährige Geschichte auch ein Fluch sein kann – das lastet auf Erwein.

Nieding kennt diese historische Verpflichtung von seiner Familie nicht – aber einer wie Matuschka sieht da wohl keine Alternative. „Du denkst dran, du hast eine Verantwortung gegenüber deiner Tochter!"

„Mach dich nicht verrückt, ist für mich kein Thema", versucht Erwein den Freund zu beruhigen.

Nieding hat trotzdem ein komisches Gefühl. Seine Frau sagt: „Fahr doch hin." Nieding antwortet: „Brauche ich nicht, er hat gesagt, es ist o.k."

Ob es etwas geändert hätte, wenn er hingefahren wäre? Diese Frage beschäftigt den Freund heute noch. Aber er ist sich sicher: „ Erwein war so entschlossen, da war nichts zu ändern."

Als er mir von dieser Nacht erzählt, ist ihm seine Betroffenheit anzusehen.

Nach dem Telefonat mit Klaus Nieding entkorkt Graf Erwein eine Flasche Rotwein von Marchese Antinori, die hat er aus Italien mitgebracht. „Er hat sich eine Zigarre angezündet und mit mir über die Zukunft geredet. Nur der Hund war unruhig, der hat wohl was gemerkt", erinnert sich Jutta Nikolai gegenüber dem Magazin STERN.

Jutta Nikolai geht zu Bett – sie ist erschöpft. Graf Erwein kam noch mal zu ihr: „Er weinte wie ein kleiner Junge und sagte, dass er mich unendlich liebt: ‚Ich gehe noch mal ins Büro – wenn die morgen kommen, will ich aufräumen.'" Ein Abschied für immer.

Gegen fünf Uhr morgens wacht die Lebensgefährtin auf – das Bett neben ihr ist unberührt. Jutta Nikolai sucht nach dem Grafen in der Wohnung, im Esszimmer, Wohnzimmer, Lesezimmer – sie beschleicht eine böse Vorahnung. Sie läuft die hundert Meter über den Schlosshof ins Büro – und findet einen aufgeräumten Schreibtisch: Sonst stapeln sich dort die Papiere. Sie sieht Erweins Lesebrille, seinen Schlüsselbund und die Briefumschläge. Fein säuberlich beschriftet an sie, seine Tochter, das Personal, die Öffentlichkeit und an seinen Anwalt.

Um vier Uhr früh morgens steht der Anwalt Klaus Nieding auf und fährt von seiner Wohnung im Taunus in sein Büro nach Eschborn bei Frankfurt, er ist ein Früharbeiter. Noch vor 6 Uhr ruft ihn Jutta Nikolai an und erzählt ihm von den Briefen. Er rät ihr, die Polizei anzurufen, springt ins Auto und fährt sofort in den Rheingau. Die Lebensgefährtin ruft die Polizei an: Weil sie den Verlust einer Pistole aus dem Waffenkoffer bemerkt hat, rückt gleich eine Hundertschaft mit Suchhund und Hubschrauber an.

Klaus Nieding fährt kurz vor sieben auf den Schlosshof, der Helikopter kreist schon. Ab acht Uhr ist der Hof voll mit Presseleuten – RTL ist da, das ZDF, Holger Weinert vom HR kommt später: Der bekannteste Winzer Deutschlands ist eine Person des öffentlichen Interesses.

Kurz nach neun Uhr wird Graf Erweins Leiche auf dem Schlossberg gefunden. „Er lag vor der Bank, die Augen geschlossen, aschgrau", erinnert sich fröstelnd Klaus Nieding, der ihn mit Jutta Nikolai identifiziert. Bevor die Leiche abgedeckt werden kann, hat sich ein Fotograf von hinten an den Fundort geschlichen und ein Foto aufgenommen „Kommen Sie da runter!", herrscht ihn Nieding an.

Aus Erweins Büro ruft der Anwalt kurz danach Anton Mauerer von der Naspa an: „Ich wollte Sie nur darüber informieren, das sich Ihr Hauptschuldner gerade das Leben genommen hat." Der Naspa-Vorstand schweigt betroffen. Nieding gibt ihm keine Möglichkeit zur Reaktion und legt auf. Obwohl er selbst geschockt ist, funktioniert der Anwalt seinem Beruf entsprechend: Er versammelt die Angestellten in der Orangerie, weist sie darauf hin, dass sie nicht automatisch ihren Arbeitsplatz verlieren werden. Niedings Frau holt Jutta Nikolai ab, sie bleibt ein paar Tage bei der Anwaltsfamilie. Nieding kümmert sich um die Presse, gibt Interviews.

Die Trauer überkommt ihn erst ein paar Tage später – da liegen sich Jutta Nikolai und er im Barocksaal von Schloss Vollrads in den Armen und weinen bitterlich. Der Tag der Beerdigung ist der letzte Tag, an dem er Vollrads betreten hat.

An die Öffentlichkeit!

Ich habe kaufmännische Fehler gemacht. Nicht mehr und nicht weniger. Dafür muß ich bezahlen.
Daß diejenigen, die mir meinen Besitz nehmen, erst meine Arbeit und mein Leben mit Lügen und Verleumdungen immer wieder in den Dreck gezogen haben und mir so keine Chance der Erholung ließen, macht mich sehr betroffen.
Trotzdem war in diesem Jahr ein wirklich seriöses Sanierungskonzept entstanden, daß mit deutlich verbesserten Ergebnissen untermauert wurde. Ich bin erschüttert, daß dies nicht Gegenstand der Verhandlungen ist sondern mit der Einleitung des Konkursverfahrens beantwortet wurde ohne Vorankündigung.
Ich war angetreten, um den Familienbesitz zu erhalten. Mit Frau Nikolai fand ich unerhört engagierte und kluge Unterstützung. Unsere besten Mitarbeiter sind geblieben und haben loyal angepackt. Der Turnaround war deutlich sichtbar. Ich verstehe es nicht. Mein Lebenswerk und damit der Sinn meines Lebens sind zerbrochen.
Ich möchte in aller Stille beerdigt werden. Außer meiner über alles geliebten Jutta Nikolai und Ihrer großartigen Familie, natürlicher meiner lieben Tochter Francesca, meinem Freund Klaus Niedling, der für mich immer da war und mir in allen Lebenslagen geholfen hat und allen Mitarbeitern,

Der Abschiedsbrief an die Öffentlichkeit (Transkript s. S. 129)

denen ich nochmals für Ihre Loyalität und engagierte Arbeit danke, möchte ich niemanden an meinem Grab haben, keine Grabreden, keine Kränze, keine Blumen keine Anzeigen, keine Nachrufe, keine Gedenkminuten. Bitte teilt dies allen mit!!! Ich hoffe sehr, daß alle den Anstand haben, diesen meinen letzten Wunsch zu respektieren!

Schloss Vollrads, den 18. August 97

Graf Matuschka-Greiffenclau

Er engagiert sich noch dafür, dass Erweins 13-jährige Tochter Francesca im Gegenzug für den Verzicht ihres Wohnrechtes auf Schloss Vollrads 200.000 D-Mark für ihre Schulausbildung erhält. Auch die 15-jährige Tochter Victoria erhält 50.000 D-Mark für ihre schulische Ausbildung. Die Naspa hatte selbst ein großes Interesse daran, dass die Töchter versorgt sind.

Die Todesnachricht verbreitet sich im Rheingau wie ein Lauffeuer. Viele Menschen sind sehr betroffen, manche weinen, eine Region steht unter Schock: Der Rheingau hat eine wichtige Identitätsfigur verloren.

Noch am Todestag verschickt Jutta Nikolai Kopien von Erweins Abschiedsbrief „An die Öffentlichkeit". Es ist immer schwierig und eher spekulativ, einen Abschiedsbrief zu interpretieren. Erweins Brief an die Öffentlichkeit gibt aber Hinweise auf seine Motive für den Suizid: Die Formulierung „Ich bin angetreten" und der Satz „Mein Lebenswerk und damit der Sinn meines Lebens sind zerbrochen." deuten auf eine übersteigerte Pflichterfüllung hin. Er scheint eher an den eigenen Ansprüchen als an kaufmännischen Fehlern oder an ungünstigen Umständen gescheitert zu sein.

Weiterhin bittet der Graf um eine Beerdigung in aller Stille – nur Jutta Nikolai, seine Tochter Francesca, sein Freund Klaus Nieding und die Vollrads-Mitarbeiter sollen dabei sein. In ihrem Trauerschreiben beklagt Jutta Nikolai: „Man nahm ihm nicht nur Vollrads, seinen Lebensinhalt, sondern auch seine Lebensfreude."

Erwein Graf Matuschka-Greiffenclau wird seinem Wunsch entsprechend im kleinen Kreis in Winkel in der Gruft neben seinem Vater Richard beerdigt. Der Winkeler Pfarrer Hans Jörg hat keine Bedenken wegen des Selbstmordes: Eine katholische Beerdigung ist unproblematisch, „wenn ein Gedanke an Unfreiheit im Spiel ist."

Am Tag nach dem Tod von Graf Erwein steht in Frankfurt die Eröffnung des Frankfurter Weinfestes an. Trotz der dramatischen Ereignisse entschließt sich der Rheingauer Weinbauverband, das Fest stattfinden zu lassen. Die Eröffnung findet im „leisen Rahmen" statt: Das Mikrofon, in das Geschäftsführerin Silvia Diemer die Eröffnungsrede spricht, ist mit einem Trauerflor und Blumen dekoriert.

Am folgenden Samstag eröffnet der damalige Bundespräsident Roman Herzog feierlich das Hotel Adlon in Berlin. Beim Festbankett fehlt unter den Ehrengästen derjenige, dessen Tischwein gereicht wird: Erwein Graf Matuschka-Greiffenclau.

Ein Klavierkonzert auf Schloss Johannisberg mit Werken des russischen Komponisten Dimitri Schostakowitsch im Rahmen des Rheingauer Musik Festivals wird Graf Erwein gewidmet: Die Zuschauer erheben sich zu Ehren des Wein-Grafen.

Am 29. August 1997 organisiert Jutta Nikolai in der St. Martin-Kirche in Oestrich einen Gedenkgottesdienst. Ihre Fürbitte klingt wie eine Anklage: „Unsere Welt ist kühl geworden. Es zählen nur noch Geld und Macht. Wir bitten für die, die Einfluss und große Verantwortung in unserem Staat tragen: Mache ihnen bewusst, dass hinter jeder Entscheidung, jeder Akte über Menschenschicksale entschieden wird. Christus erhöre uns!"

Auch die Familie um Karl Graf Matuschka-Greiffenclau lädt nach zwei Monaten am 19. September zu einem Gottesdienst in die St. Walburga-Kirche nach Winkel. Erweins letzter Wille soll damit nicht verletzt werden – man will seiner würdig gedenken. Auch Gräfin Sophie, Graf Erweins erste Frau, nimmt teil, ebenfalls Elisabeth Schick mit Erweins Tochter Victoria und Tatiana Fürstin von Metternich-Winneburg. Für Irritationen sorgt eine Person draußen vor der Kirche mit weißem Gewand, einem Kreuz und einem Schild auf dem Rücken mit der Aufschrift: „Ich war Naspa-getreu bis in den Tod!" Der von der Familie Matuschka-Greiffenclau beauftragte Frankfurter PR-Berater Moritz Hunzinger bezeichnet den Auftritt der „Geister" bei der Trauerfeier als „ein gutes Beispiel für ‚Guerilla-Marketing'".

In manchen ersten Reaktionen nach dem Selbstmord wird der Naspa vorgeworfen, „den Grafen in den Tod getrieben zu haben" – aber selbst die Familie Matuschka-Greiffenclau weist diesen Vorwurf zurück. Die Naspa wehrt sich: „Ich nehme doch nicht den Tod eines Kunden in Kauf, um etwas durchzusetzen", erklärt Anton Mauerer.

In seinem Abschiedsbrief an seinen Freund Klaus Nieding verfügt Graf Erwein, dass er sich etwas aus Vollrads aussuchen darf. Der Anwalt wählt weder den kostbaren Greiffenclau-Schrank noch die Gutenberg-Bibel. Er entscheidet sich für den Humidor, aus dem die beiden häufig Zigarren genommen und sie gemeinsam geraucht haben.

Blumen am Steinkreuz am 19.8.2009

Ein schwieriges Erbe

Mit dem Freitod von Erwein Graf Matuschka-Greiffenclau wird es nicht ruhiger um Schloss Vollrads – im Gegenteil.

Kaum ist als Sequester der Mainzer Diplom-Volkswirt Gerd Funcke eingesetzt, beginnt der Kampf um das traditionsreiche Weingut. Die BILD Zeitung meldet am 21.8.: „*Einen Tag nach dem tragischen Selbstmord des Wein-Grafen übt die Familie den Schulterschluss: „Wir wollen Schloss Vollrads retten, das Erbe unserer Väter zusammenhalten", sagt der 60-jährige Karl. Sohn Markus, 32, Finanzfachmann und Winzer hat beim Amtsgericht Rüdesheim ein Sanierungskonzept präsentiert.*" Das Konzept stammt von 1995 – aber damals wollte die Naspa mehr Geld. Auch Graf Ernst, 54, unterstützt den Rettungsversuch der Familie.

Karl Graf Matuschka-Greiffenclau, der ältere Bruder von Erwein, und sein Sohn Markus weisen den Richter Hans-Dieter Niederauer vom zuständigen Amtsgericht in Rüdesheim darauf hin, dass neben dem Testament ein Familienvertrag existiert, nach dem der Besitz an den Sohn Markus fallen soll. Die Familie bezieht sich auf eine notarielle Urkunde vom 22.11.1922 und den Familienvertrag vom 21.10.1964, in dem Graf Karl zugunsten von Erwein verzichtet hat. Die Familie argumentiert, die Vereinbarung von 1964 sei unwirksam. Demzufolge sei Graf Erwein nie rechtmäßiger Eigentümer von Schloss Vollrads gewesen, zumindest würde der Familie ein Erwerbsrecht des Anwesens zustehen. In dem Schreiben des Familienanwalts wird darauf hingewiesen, man handele auch im Auftrag von Graf Ernst. Richter Niederauer antwortet recht trocken: „Ihre Schlussfolgerungen teile ich in nahezu keinem Punkt." Und: „Wer ist Ernst?"

Die Familie bleibt hartnäckig: Dem Konkursverwalter Funcke wird im Rahmen einer beim Landgericht Wiesbaden erwirkten einstweiligen Verfügung bei Androhung eines Ordnungsgeldes bis zu 500.000 D-Mark untersagt, über das Weingut, insbesondere über alle zum Schloss gehörenden Grundstücke, Gebäude, über Inventar und Weinbestand zu verfügen.

Wirtschaftlich ist es kompliziert – die privaten Erbschaftsfragen können dagegen zumindest juristisch geklärt werden. Graf Erwein hat seine Lebensgefährtin und seine Tochter als Erbinnen eingesetzt. Kommentar des Konkursverwalters: „Nach den mir vorliegenden Informationen wird wohl nichts übrig bleiben." Das Kind wurde zunächst unter die Vormundschaft der Lebensgefährtin des Grafen gestellt. Graf Karl wird mit dem Satz zitiert: „Francesca wird bei ihr gewiss ein Zuhause finden." Sie fand es allerdings bei Vera Drovandi, einer Freundin ihrer Mutter. Die Familie nahm den Teenager in Wiesbaden auf. Das Verhältnis zu ihrer Pflegemutter wird als gut beschrieben. Die Tochter des Grafen ereilte die nächste Tragödie: Im Januar 1998 stirbt die Pflegemutter bei einem Autounfall.

Ende August 1997 wird die Verschuldung von Vollrads mit fünfundzwanzig Millionen angegeben: Zu den bekannten zwanzig Millionen der Naspa kommen noch Forderungen einer anderen Bank und die Verbindlichkeiten gegenüber einem Frankfurter Geschäftsmann – Sequester Gerd Funcke spricht von einer „hochgradigen Überschuldung".

Das Nachlasskonkursverfahren wird eröffnet: Bis zum 6.10.1997 haben Gläubiger Zeit, Ansprüche anzumelden. Es wird ein Gläubigerausschuss gebildet, dem Norbert Wahl, der Leiter der Rechtsabteilung der Naspa, ein Arbeitnehmervertreter von Schloss Vollrads und Graf Karl angehören.

Gerd Funcke geht davon aus, dass die Naspa ein Drittel ihrer Forderungen, rund sechs Millionen D-Mark, abschreiben muss. Man hofft also, noch dreizehn Millionen D-Mark durch einen Verkauf zu erzielen.

Die Erbstreitigkeiten der Familie betreffen die Naspa nicht. In der Hessenschau am 4.9.1997 erklärt Anton Mauerer: „Wir werden eine Lösung finden: mit Investor oder der Familie oder Familie und Investor."

Am 19. September 1997 lädt Graf Karl in den Räumen des Union International Club e.V. in Frankfurt, organisiert von Moritz Hunzinger, zu einer Pressekonferenz. Er will Schloss Vollrads für seinen Sohn Markus retten: „Markus Graf Matuschka-Greiffenclau ist eigentlich der rechtmäßige Eigentümer von Schloss Vollrads!"

In der Presseerklärung der Familie Matuschka-Greiffenclau vom 10.10.1997 heißt es: „Das Gericht hat die einstweilige Verfügung aufgehoben, Graf Markus erhält seinen Erbanspruch aufrecht und sieht der Hauptverhandlung zuversichtlich entgegen."

Die Familie scheitert vor Gericht. Im Hauptverfahren wird der Antrag abgelehnt. Am gleichen Tag fordert die Naspa die Familie auf, endlich ein Angebot abzugeben.

Graf Markus bietet sechseinhalb Millionen D-Mark für Schloss Vollrads – das reicht der Sparkasse nicht. Weiterhin ist die Gruppe um Claus Wisser und WIV noch interessiert.

Auch der Rheingauer Weinverband ist aktiv: Vizepräsident Richard Nägler und seine Geschäftsführerin Silvia Diemer treffen sich mit Anton Mauerer. Der Weinbauverband will Vollrads als Ganzes für den Rheingau erhalten: Die Leitfunktion des renommierten Weingutes ist für das gesamte Anbaugebiet sehr wichtig. Die negative Darstellung der Naspa in der Presse hat den Vorstandsvorsitzenden getroffen: „Wir haben das nicht geahnt – und nicht gewollt." Bei den Mitgliedern im Weinbauverband dominiert nach Einschätzung von Silvia Diemer die Betroffenheit: Ohne Graf Erwein war es stiller, es fehlte der Glanz. Die Stimmung der Winzer wendet sich gegen die Sparkasse – der Vorstand möchte die negative Stimmung stoppen.

Die negativen Presseartikel gegen Claus Wisser zeigen auch bei dem Frankfurter Unternehmer Wirkung: Die BILD Zeitung meldet am 5.11.1997: *„Wisser gibt auf – Wird jetzt die Naspa Schlossherr auf Vollrads?"*

Sensationelle Wende im Kampf um Schloss Vollrads: Claus Wisser, millionenschwerer Reinigungsunternehmer aus Frankfurt, ist aus dem Rennen. Er ist nicht mehr am Erwerb des Weingutes interessiert. „Ich bin die ganze Schlammschlacht gegen mich leid. Deshalb habe ich der Naspa mitgeteilt, dass ich mit einer Lösung ohne mich einverstanden bin", bestätigt der enttäuschte Rheingau-Fan. „Ich wollte nie Schlossherr werden, sondern Vollrads zu einer Art Glyndebourne des Rheingau Musik Festivals machen." Dort findet jährlich ein Klassik Festival statt – weltberühmt wegen der edlen Pausen-Picknicks.

Für Irritationen sorgt auch eine Pressemitteilung der Staatsanwaltschaft Wiesbaden: Die Staatsanwaltschaft prüft, ob sie ein Ermittlungsverfahren gegen Graf Markus einleiten soll wegen Prozessbetrug. Es geht um die einstweilige Verfügung, mit der die Familie den Verkauf von Vollrads verhindern will. Ein Anwalt hatte erklärt, er handele im Auftrag von Markus und seinem Onkel Ernst. Dieser teilte nun dem Amtsgericht Rüdesheim mit, er sei ohne sein Wissen in den Erbstreit hineingezogen worden. Über einen Anwalt versichert er, er habe niemanden eine Vollmacht dazu erteilt.

Ebenfalls im November 1997 findet im Amtsgericht Rüdesheim die Gläubigerversammlung statt: Die Entscheidung wird vertagt, renommierte Firmen haben die Eile des Verkaufsverfahrens gerügt. Es haben sich neue Interessenten gemeldet, die wollen mehr Zeit und haben um Vertagung gebeten. Hans-Dieter Niederauer, Konkursrichter: „Es werden Beträge genannt, die weit über dreizehn Millionen liegen. Es gibt Anbieter aus dem Ausland."

Im Dezember 1997, knapp vier Monate nach dem Konkursantrag für Schloss Vollrads und dem Freitod von Graf Erwein, ist die Zukunft des Weingutes weiterhin ungeklärt.

Nachdem mehrere Kaufinteressenten abgesprungen sind, verlaufen die Verkaufsgespräche etwas ruhiger. Auf der Bilanz-Pressekonferenz der Naspa ist Anton Mauerer optimistisch, dass der Verkauf im Laufe des kommenden Jahres über die Bühne gehen werde. Die Bank verhandelt mit sechs bis sieben in- und ausländischen Interessenten.

Um den neuen Weinjahrgang zu vermarkten und die brachliegenden Unternehmensbereiche Marketing und Vertrieb wieder zu aktivieren, bildet die Naspa einen ehrenamtlichen Fachbeirat. Wilhelm Weil vom Weingut Robert Weil in Kiedrich, Dr. Rowald Hepp vom Staatlichen Hofkeller in Würzburg und Richard Nägler, Vizepräsident des Rheingauer Weinbauverbandes sind die drei Mitglieder. Die Sparkasse will Vollrads nicht versteigern, sondern einen angemessenen Preis erzielen – man orientiert sich an den dreizehn Millionen, die Claus Wisser geboten hatte. „Der Verkauf wird nicht übers Knie gebrochen – sonst wird das Weingut einstweilen in eigener Regie weitergeführt."

Weil, Nägler und Hepp hatten sich zusammengeschlossen und überlegt, was sie tun können. Der Graf hatte so viel für den Rheingau getan, deshalb boten die drei ihre Vermittlerrolle an: Sie möchten ehrenamtlich und unentgeltlich versuchen, Schloss Vollrads für die Region zu retten. Sie werben bei der Naspa dafür, mit Maß und Ziel zu reagieren – die Sparkasse ist anfangs prüfend interessiert.

Der Beirat konnte der Bank eindringlich vermitteln, welche Signalwirkung für die Rheingauer Weinwirtschaft von Vollrads ausgeht. Sie konnten dafür werben, dass keiner der Mitarbeiter von Bord geht: Die hatten ohnehin ein „Jetzt-erst-recht-Gefühl!" Das Ziel des Beirats ist eine langfristige Strategie für das traditionsreiche Weingut, nicht der kurzfristige Gewinn. „Die Kraft des Unternehmens kommt seit Jahrhunderten aus dem Weinbau – das trägt auch in die Zukunft", erinnert sich Rowald Hepp. Ein Seniorenwohnstift, ein Schulungs- oder Tagungshotel oder eine private Nutzung – das wäre nicht im Sinne der Region gewesen. Vorrangig war die Erhaltung des Betriebs als Weingut wichtig. Unter dem Einfluss des Beirats erkennt Mauerer, dass es zwar Interessenten gibt, die den Kaufpreis zahlen können, aber andere Ziele mit dem Schloss verfolgen. Rowald Hepp ist erleichtert: „Anton Mauerer hat Mut bewiesen: Er versucht erst mal, Vollrads als Weingut zu betreiben – mit ungewissem Ziel."

Am 13.8.1998 erklärt die Naspa zum Sachstand Vollrads: Das andauernde Konkursverfahren wird beendet, vorübergehend wird das Weingut in eigenen Besitz übernommen und ein Geschäftsführer gesucht, um den Betrieb sicherzustellen.

Parallel dazu verhandelt die Sparkasse mit Interessenten.
Zum ersten Todestag von Graf Erwein am 19.8.1998 gibt es keine offizielle Gedenkfeier – nur die Lebensgefährtin Jutta Nikolai besucht das Grab in der Gruft. Gärtner Karl-Heinz Bergmann und die übrige Vollradser Belegschaft treffen sich am Kreuz auf dem Schlossberg.

Im März 1999 meldet die Presse „Naspa will Vollrads jetzt übernehmen". Der Gläubigerausschuss und die Gläubigerversammlung billigen vor dem Amtsgericht in Rüdesheim den formalen Verkauf an eine noch zu gründende Kommanditgesellschaft, die zu hundert Prozent der Naspa gehören wird. Die Kaufverhandlungen mit anderen Interessenten sind gescheitert: Die Investoren wollten nur das Weingut – an der Belastung durch die Gebäude waren sie nicht interessiert.

Offen ist noch, wann die seit Monaten dauernde Suche nach einem Geschäftsführer beendet sein wird.

Das Graue Haus gehört nun nicht mehr zur Konkursmasse: Seit Mitte Februar 1999 ist das seit über einem Jahr geschlossene Restaurant endgültig in den Besitz des Frankfurter Geschäftsmannes Ernst Ludwig Schulz übergegangen.

Die drei Herren Hepp, Nägler und Weil im ehrenamtlichen Beirat prüfen viele Bewerbungen für die Geschäftsführung – es ist nichts passendes dabei, obwohl sich auch Headhunter an der Suche beteiligen. In mancher Ausschreibung hieß es „in Frage kommen eher jüngere Kandidaten, auch z.B. Franzosen aus dem Elsaß, wenn sie deutsch sprechen." Rowald Hepp will nicht mehr die Bewerbungen von Managern aus der Milch- und Bierbranche durchsuchen, er fordert: Erst muss eine Konzeption da sein, dann findet sich die Person. Es stellt sich die Frage: Was will die Naspa mit dem Betrieb? Der Beirat entwickelt ein Konzept und stellt dar, was Vollrads leisten kann – und was nicht.

Irgendwann sind einige davon überzeugt, dass Dr. Rowald Hepp, der schon mit 29 Jahren jüngster Leiter der Hessischen Staatsweingüter, also auch von Kloster Eberbach war, ein perfekter Kandidat wäre. „Der wollte erst nicht. Ich bin persönlich nach Würzburg gefahren, um ihn zu überzeugen." erinnert sich Anton Mauerer. Die beiden Herren einigen sich per Handschlag.

Zum 1. Juli 1999 übernimmt der ausgewiesene Fachmann Dr. Rowald Hepp die Geschäfte auf Schloss Vollrads. Anton Mauerer ist sicher: „Aus unserer Sicht ist das eine optimale Lösung – sowohl für das Weingut und seine Mitarbeiter als auch für den Rheingau insgesamt." Die Verkaufsverhandlungen setzt die Naspa mit der Bestellung des Geschäftsführers erst mal aus: Zumindest für die kommenden drei Jahre will die Naspa Vollrads behalten. Die Entscheidung für Hepp wird in der Region positiv aufgenommen.

Für das historische Weingut zeichnet sich eine tragbare, wirtschaftliche Lösung ab – für die Familie Matuschka-Greiffenclau bahnt sich eine erneute Tragödie an.

Das Ermittlungsverfahren wegen Prozessbetruges gegen Graf Markus, den Neffen von Graf Erwein, wird noch vor Anklageerhebung eingestellt. Sein Onkel Graf Ernst, jüngerer Bruder von Graf Erwein, hatte gegenüber dem Amtsgericht Rüdesheim erklärt, dass er nie Graf Markus oder seinem Rechtsanwalt eine Vollmacht erteilt habe, ihn zu vertreten. Nach der Einstellung des Verfahrens verklagt nun Markus seinen Onkel in einem Zivilstreit wegen Rufschädigung, fordert von ihm Schadenersatz, die Übernahme aller Kosten und einen Widerruf seiner Behauptung. Graf Ernst, früherer Kurdirektor in Bad Ems und ehemaliger Leiter der Kurbetriebe in Bad Harzburg, belastet dieser Angriff auf seine Ehre nachhaltig. Er fürchtet eine weitere Niederlage vor dem Oberlandesgericht Frankfurt in der zweiten Instanz: Schon vor dem Landgericht Wiesbaden war er in erster Instanz unterlegen. Graf Markus erinnert sich, während des gesamten Rechtstreits wiederholt den Kontakt zu seinem Onkel gesucht und ihm mindestens drei Einigungsvorschläge unterbreitet zu haben, um den Rechtsstreit einvernehmlich beizulegen – vergeblich. Bevor das Oberlandesgericht Frankfurt ein Schlussurteil fällt verlässt der 56-Jährige am 6. September 1999 seine Wohnung in Altenbamberg (Landkreis Bad Kreuznach) mit seinem Trekkingfahrrad.

Seine Ehefrau Annerose erstattet Vermisstenanzeige und wendet sich an die Öffentlichkeit. Ihr Gatte hat vor Gericht einen wichtigen Teilsieg errungen: Er sei weder zu Schadenersatz noch zu Widerruf verurteilt worden. Sie hofft, dass diese Nachricht ihn über die Presse erreicht.

Sie hofft vergeblich: Drei Wochen nach seinem Verschwinden wird das schwarz-rote Trekkingrad von Graf Ernst in einem Gebüsch zwischen Rockenhausen und Dielkirchen im Donnersbergkreis gefunden. Die Polizei durchsucht mit sechsundvierzig Polizisten und elf Leichensuchhunden das umgebende Gelände – ohne Erfolg. Ein Jäger findet auf der Suche nach seinem Hund den Leichnam am Donnerstag, dem 30.12.1999 im Dielkirchener Wald – rund sechshundert Meter von der Fundstelle des Fahrrads an einer unzugänglichen Stelle. Graf Ernst hat sich erhängt. Für viele drängt sich eine Parallele zum Freitod von Graf Erwein auf: Für beide Brüder scheinen ein übersteigerter Ehrbegriff und die Verpflichtung aus einer jahrhundertealten Familientradition wichtiger zu sein als ein selbstbestimmtes Leben.

Graf Markus sieht bei den Todesfällen Ungereimtheiten, hat offene Fragen. Ein paar Monate nach dem Tod von Graf Erwein ist er nach England gezogen – in Deutschland hat er sich bedroht gefühlt. Seit 2001 lebt er in der Schweiz. Nach meinen Recherchen gibt es keine Anhaltspunkte, die Nahrung für eine Verschwörungstheorie geben könnten.

Nach gerichtlichen Auseinandersetzungen wegen der Nutzung des Familienwappens ist seit dem Jahr 2000 Ruhe eingekehrt: Graf Markus hat seinen Frieden gemacht mit der Situation – auch wenn der Verlust des Stammsitzes für die Familie Matuschka-Greiffenclau eine schmerzhafte Erfahrung bleibt.

„Das Schloss ist der Naspa durch einen tragischen Vorfall vor die Füße gefallen", kommentiert der ehemalige Verwaltungsratsvorsitzende und Wiesbadener Oberbürgermeister Helmut Müller die Lage. Alle Beteiligten wollen sich nun dafür einsetzen, dass Schloss Vollrads wieder ein erfolgreiches Flaggschiff der deutschen Weinszene wird.

Dr. Rowald Hepp, seit 1999 Gutsverwalter auf Schloss Vollrads.

„Ich dachte, irgendwann kommt mal einer und schreibt ein Buch über den Grafen – ich dachte nicht, dass Sie es sind!", begrüßt mich Gutsverwalter Rowald Hepp.

Ich sitze mit ihm im Ledertapetenzimmer. Freimütig erzählt er mir, wie er die ersten aufregenden Jahre auf Vollrads erlebt hat. Der Franke ist ein feinsinniger, kulturell interessierter Mann; lange schwankte er, ob er Kunstgeschichte oder Weinbau studieren sollte. Deshalb kam für ihn ein Weingut in einem Neubau als Arbeitsplatz nicht infrage. Für drei historische Weingüter hat er gearbeitet – auf Schloss Vollrads kann er seine Vorstellungen von Qualitätsweinbau am besten umsetzen. Anton Mauerer hat ihn gewähren lassen. Bei der Übernahme von Schloss Vollrads durch die Schloss Vollrads GmbH & Co Besitz KG wird die wertberichtigte Summe in die Bilanz aufgenommen. Die Vorgabe der Naspa: die Verzinsung des Eigenkapitals. Die Sparkasse „gibt keinen Euro rein, zieht aber nichts raus – das glaubt mir keiner" erzählt der Gutsverwalter.

„Ich fühle mich nicht wie ein Schlossherr, sondern eher wie der Hausmeister", so beschreibt Rowald Hepp seine Beziehung zu Vollrads. Den historischen Gebäuden hat er sich zu Beginn seiner Aufgabe auf seine Art genähert: Jeden Abend hat er sich mit einem Glas Wein in ein anderes Zimmer gesetzt – auf der Suche nach seiner eigenen Position. Er ist nicht der Eigentümer, kein Nachfolger des Grafen: Er ist Verwalter auf Zeit, ein ‚Caretaker' wie er sagt. Aber er kümmert sich auch emotional um die Gebäude – „Vollrads ist eine Perle". Nach seiner Familie bedeutet ihm das Anwesen alles. Das HANDELSBLATT schreibt 2003 über seine Anfangszeit:

„Ein Mann für schwierige Fälle. Rowald Hepp führt Deutschlands ältestes Weingut zurück in die schwarzen Zahlen. Dass Hepp tatsächlich den Sanierungsfall Schloss Vollrads übernehmen würde, wunderte so manchen Branchenkenner. Hepp stoppte auf Vollrads die Pläne, Rotweinstöcke zu

pflanzen und arbeitete akribisch an dem Wiederaufstieg in die internationale Topliga."

Von Anfang an setzt Hepp auf Qualität und will das Weingut auf die absolute Spitzenklasse ausrichten: Bei den Angestellten auf Vollrads muss er mit diesem Konzept erst mal Überzeugungsarbeit leisten. „Es ist ein Risiko, einen großen Teil der Ernte an den Rebstöcken hängen zu lassen, obwohl man bei sofortiger Ernte eine erstklassige Spätlese keltern könnte. Nur um das letzte Quäntchen Qualität aus den Trauben herauszuholen." Doch bald steht die Belegschaft voll hinter ihrem neuen Chef, weil er neben Fachkenntnis und Engagement auch soziale Kompetenz mitbringt. „Unser Kapital sind die Erfahrung der Mitarbeiter und der Boden", versichert Hepp glaubhaft.

Dem Weinfachmann Rowald Hepp gelingt ein fulminanter Start auf Vollrads: Schon 2000 wird er vom GAULT MILLAU zum „*Gutsverwalter des Jahres*" gekürt: „*Der gebürtige Franke hat eine der heikelsten, aber auch eine der reizvollsten Aufgaben in der deutschen Weinwirtschaft übernommen und mit Bravour gemeistert: Schloss Vollrads blüht merklich auf!*", schreibt der renommierte Weinführer. „*Ihm gelang es, die Vollrads-Mannschaft völlig neu zu motivieren!*" Erstmals bekommt Schloss Vollrads drei von fünf Trauben für die Weinqualität: Unter Graf Erwein waren es maximal zwei, zuletzt sogar nur noch eine.

Das alles „so flott gehen würde" hat selbst Rowald Hepp nicht erwartet. „Wir haben die Stärken und Schwächen des Weinguts analysiert und daraus die Konsequenzen gezogen." Hepp setzt auf Qualität durch Ertragsreduzierung, und es wird nur noch per Hand gelesen.

Der GAULT MILLAU schreibt 2000: „*Es ist eine pure Freude zu sehen, zu riechen und zu schmecken, wie es mit Schloss Vollrads aufwärts geht.*" Über Jahre attestieren die Weintester mit gleichlautendem Text: „*Dr. Rowald Hepp gelingt es zunehmend, dieses Flaggschiff deutscher Weinkultur wieder auf Kurs zu bringen.*" Die Naspa ist sehr zufrieden mit ihrem Gutsverwalter: Beste deutsche Riesling Spätlese 2000. 2002 wird Schloss Vollrads in der DM Bestenliste wieder unter den 100 besten deutschen Weingütern geführt. Auch international wird der Vollradser Riesling geschätzt: Die Spätlese und der Kabinett 2002 erhalten in Japan als einzige deutsche Weine Goldmedaillen, die Spätlese wird gar zum besten deutschen Wein in Japan gekürt.

Auch wirtschaftlich erholt sich Vollrads: Nach Verlusten direkt nach der Übernahme beziffert die Naspa den Gewinn des Weingutes vor Steuern im Jahre 2000 auf rund eine halbe Million Euro: „Seitdem schreiben wir schwarze Zahlen auf diesem Niveau", sagt Hepp. „Der Gewinn wird vollständig in die Sanierung und den Erhalt der denkmalgeschützten Gebäude gesteckt."

Die Sparkasse verlängert erfreut den Vertrag mit ihrem Geschäftsführer um weitere fünf Jahre. Einschließlich der Klausel, dass Schloss und Weingut in dieser Zeit nicht verkauft werden dürfen. Mit Blick auf die ursprünglichen Verkaufspläne war dies Hepps Bedingung von Anfang an: „Ich will mit meinem Arbeitseinsatz keine Braut schmücken."

Vollrads gilt erneut als Aushängeschild des Rheingaus.

„Dr. Rowald Hepp ist ein Glücksgriff für Schloss Vollrads. Wir sind froh, dass das Weingut, das sich unter seiner Regie hervorragend entwickelt hat, auch künftig auf diesen Spitzenmann bauen kann", freut sich Anton Mauerer.

Selbst das Wirtschaftsmagazin DM, mit dem Graf Erwein noch vor Gericht zog, titelt: *„Phönix aus der Flasche – Deutschlands feinste Weine kommen wieder aus dem Rheingau."*

Obwohl Hepp Kontakt mit Kunden aus der ganzen Welt hat, verliert er nicht die Bodenhaftung. Er betreut auch aktiv den Außenbetrieb mit: „Die Landwirtschaft gibt den Rahmen vor: Was man im Weinberg verbaselt hat, kann man im Keller nicht mehr retten."

Auch die Sparkassenmitarbeiter profitieren von dem Weingut: 2009 ist Vollrads erstmals bei der Rheingauer Weinwoche in Wiesbaden vertreten. Auszubildende von Vollrads und der Naspa haben das Konzept für den Weinstand gemeinsam entwickelt: Der Auftritt soll zukunftsfähig sein und Gewinn abwerfen. „Die Banker haben schnell gelernt, dass es da nicht um eine Powerpoint-Präsentation geht, sondern auch mal darum, wer den Kühlschrank einräumt. Und die Winzer haben gelernt, ein Budget einzuhalten."

Über die Jahre wird sinnvoll in das Weingut und die Gebäude investiert. Im Wohnturm befinden sich die Weinguts- und Familienarchive der Greiffenclaus. In dem historischen Wahrzeichen wird das Erdgeschoss in eine repräsentative Weinschatzkammer für die Lagerung herausragender edelsüßer Weine umgebaut. Die Weine werden ausschließlich in großen Flaschen wie Magnum (1,5 l), Doppelmagnum (3 l), Methusalem (6 l) und Balthazar (12 l) abgefüllt – so hält sich die Qualität besser.

Seit 2008 hat der Gutsverwalter auch eine Dienstwohnung auf Vollrads; privat wohnt er mit seiner Frau und seinen drei Kindern in der Nähe von Rothenburg ob der Tauber.

Es gibt zwei Facetten, die für ihn den Zauber von Vollrads ausmachen: Der Blick in die Vergangenheit, die Tradition, man spürt die Geschichte. Tradition entwickelt sich für ihn aus dem Besonderen, aus dem Tragfähigen, der Langfristigkeit. Dadurch wird der Wein eigenständig, unverwechselbar, authentisch, bietet ein hohes Maß an nicht kopierbaren Stil. Nur so kann ein Weingut jahrhundertelang überleben. „Man muss wissen, wo die Kompetenz ist: Boden, Rebsorte, Klima und Vermarktung müssen stimmen – in Vollrads hat man sich sehr früh Gedanken darüber gemacht. Die Faszination liegt aber nicht nur rückwärts gerichtet in der Vergangenheit: Der rote Faden der Geschichte kommt auf unseren Tisch, wohin geht er weiter? Man muss die Chancen der Weinproduktion ausloten – die Unverwechselbarkeit muss bleiben. Der Blick zurück ist die Verpflichtung, der Blick nach vorne ist die Herausforderung. Diese beiden Punkte zusammenzubringen ist meine Motivation, meine Kreativität und Emotion. Ich fühle mich dem Standorterbe verpflichtet – so haben sich die Matuschkas auch verstanden." Hepp ist nicht nur Weinmacher – er respektiert die historische Dimension von Vollrads.

Die Weinqualität hat sich positiv entwickelt – aber auch die Sanierung der Gebäude schreitet voran: Große Teile der Dächer werden neu mit Schiefer gedeckt, die Fenster erneuert, der Westflügel erhält einen frischen Farbanstrich, der Hof wird neu gepflastert und den Wassergraben zwischen Turm und Schlosshof überspannt eine neue Brücke.

Vollrads hat sich geöffnet und ist für die Rheingauer und die Besucher von außerhalb ein vielbesuchter Ort. Der Gutsausschank, der Weinprobierstand im Schlosshof, die Vinothek im Kutscherhaus, vielfältige Veranstaltungen von der Jungwinzer Party WINE4SENSE über Schlossführungen für Kinder und Hochzeiten bis zum Weihnachtsmarkt: Schloss Vollrads hat sich zu einem lebendigen Event-Weingut entwickelt. Seit 2009 ist auch die Freiluftkegelbahn aus dem 19. Jahrhundert wieder in Betrieb und kann von Gruppen gebucht werden.

Im November 2002 wird der Förderverein Schloss Vollrads gegründet. Die Schirmherrschaft übernimmt Professor Dr. Gottfried Kiesow, der Gründer und damalige Vorstandsvorsitzender der deutschen Stiftung Denkmalschutz und ehemalige Präsident des Landesamtes für Denkmalpflege in Hessen. Der gemeinnützige Verein soll sich für den Erhalt und die Sanierung der denkmalgeschützten Schlossanlage einsetzen.

Der Gedanke dahinter: Man will möglichst viele Bürger und Bürgerinnen für die Pflege des historischen Kulturgutes Schloss Vollrads begeistern. Der Förderverein mit dem Vorsitzenden Jens B. Fischer (Naspa-Vorstandsvorsitzender von 2002 bis 2006) und den fast 200 Mitgliedern, darunter Vollrads-Fans aus New York, Tokio und Uppsala, hat seitdem viele historische Kulturgüter erhalten und renoviert. Bei der Restaurierung der kostbaren Goldledertapete im Ledertapetenzimmer steuerte der Verein 59.000 € der 126.000 € Gesamtkosten bei. Die defekte historische Turmuhr aus dem 19. Jahrhundert, erbaut von dem Flörsheimer Mechaniker Jakob Höckel, zu jener Zeit ein anerkannter Spezialist für Großuhren und Glocken, wurde saniert und modernisiert: Der aufwändige Aufzugsmechanismus, der alle drei bis vier Tage von Hand aufgezogen werden musste, wurde durch eine funkgesteuerte Digitalhauptuhr ergänzt. Spezialisten im Offenbacher

Ledermuseum haben die Lederfassung eines wertvollen Holzsattels restauriert. Der Sattel stammt aus dem 15. Jahrhundert und wurde bei Ritterturnieren verwendet – weltweit gibt es nur noch fünf Exemplare. Die Schlosskapelle mit Altar und dem Gemälde „Verklärung Christi" erstrahlt in neuem Glanz. Mit Hilfe von Patenschaften erhält der Verein viele einzelne historische Stücke wie ein Harmonium, einen Leuchter aus Meissner Porzellan und ein Vogelbauer. „Vollrads ist historisch einzigartig, es gibt kein Weingut mit einem vergleichbaren Archiv", weiß Fördervereinsvorsitzender Fischer. Die Pflege des alten Buchbestandes mit nahezu eintausend wertvollen alten Büchern liegt dem Förderverein am Herzen: Insbesondere die in einem speziell dafür 1898 eingebauten begehbaren Wandschrank im Wasserturm lagernden seltenen Bücher werden nach und nach restauriert oder kopiert, um sie für die Nachwelt zu erhalten. Faszinierend ist auch die historische Fotosammlung: Die Familienfotografien des Hausarchivs reichen bis in die Mitte des 19. Jahrhunderts zurück. Graf Richard steuerte viele Fotos aus dem Ersten Weltkrieg bei, an dem er als Offizier teilnahm. Auf den Fotos nach 1945 sieht man ihn zusammen mit prominenten Politikern: Konrad Adenauer, Winston Churchill, Theodor Heuss und Heinrich Lübke. Der Förderverein sorgt dafür, dass die Fotografien archiviert und fachgerecht gelagert werden.

Auf Schloss Vollrads wird auch die Umgebung gepflegt: 2006 legt der Mainzer Professor Kurt Emde im 17 Hektar großen Mischwald Vollradser Wäldchen einen Naturlehrpfad an – ähnlich wie im Steinberg bei Kloster Eberbach. Schon 1938 ließ Graf Richard die grüne Bauminsel inmitten der Weinberge als Vogelschutzgebiet ausweisen. 1954 wurde das Wäldchen als Naturschutzgebiet ausgewiesen – eines der ältesten in Deutschland. Der kleine, sichelförmige Wald schützt zudem Vollrads vor Kaltluftströmen aus dem Taunus und die schlosseigene Trinkwasserquelle vor Beeinträchtigungen.

Die Pflege der Weintradition wird auch von der Naspa fortgesetzt: 2011 feiert Schloss Vollrads 800 Jahre Weinverkauf: Eine Urkunde vom 18. November 1211, deren Original im Mainzer Stadtarchiv verwahrt wird, gilt als die älteste erhaltene deutsche Weinrechnung – ausgestellt von der Familie Greiffenclau in Winkel über den Verkauf von Wein an das St. Viktorstift in Mainz. Damals lebte die Familie noch im Grauen Haus – erst um 1300 wurde der Wohnturm am Waldrand gebaut.

Zum Jubiläum füllen die Vollradser einen Wein mit historischem Etikett ab, der auch geschmacklich an die lange Tradition erinnern soll. Der trockene Riesling wurde nicht entrappt, offen auf der Maische vergoren und ohne Zugabe von Hefen sehr lange auf der Feinhefe gelagert. Herausgekommen ist ein für Vollrads eher untypischer Riesling: Laut Eigenwerbung „ein Wein mit Ecken, Kanten, wildem Charakter und barocker Eigenständigkeit".

2016 gab es wieder einen Grund zum Feiern: 1716 wurde der Begriff Cabinet erstmals urkundlich für Wein erwähnt. Anfang des 18. Jahrhunderts gab es auf Grund günstiger klimatischer Bedingungen einige gute Weinjahrgänge in Folge. Diese Weine wurden in separaten Cabinetkellern gelagert und zu hohen Preisen verkauft. Durch die Übernahme des Begriffs von anderen Weingütern, wie zum Beispiel Kloster Eberbach, entwickelte sich der Cabinetwein zu einer Qualitätsbezeichnung für deutsche Weine allgemein.

Vollrads ist heute Pilgerstätte für Weinliebhaber aus aller Welt. Ein ganz besonderer Fan: Rudolf Tschakert aus dem bayrischen Oberland. Der Elektroniker und seine Frau Christine, nebenbei Weinhändlerin, lieben den Rheingau seit 1970, als sie mit dem 1968er ihren ersten Vollradser Wein verkostet haben. Seitdem haben sie alle Jahrgänge gesammelt – auch ältere. 1989 luden sie Graf Erwein zu sich nach Hause zu einer Weinprobe mit Vollradsen Weinen aus älteren Jahrgängen ein. Berührt schrieb der Graf ins Gästebuch: „Ihre Liebe zu Vollrads ist für mich sehr beeindruckend. Nach dem Tod meines Vaters litt der Raritätenkeller sehr. Viele Jahrgänge besitzen wir nicht mehr. Ihr Keller ist perfekt. Ich danke Ihnen für neue Perspektiven von Vollrads. Die wechselreichen Jahre kommen auch im Wein zur Geltung. Toll, Ihre Sammlung."

2012 lud das Ehepaar zusammen mit Rowald Hepp wieder zu einer Vollrads Raritätenprobe ein – dieses Mal im Schloss. Einundzwanzig Jahrgänge wurden ehrfurchtsvoll verkostet – beginnend mit 1963. Eindrucksvoll waren vor allem die 63er, 67er, 69er, 70er, 71er, 72er, 75er und natürlich der 76er. Rowald Hepp war begeistert: „Wir haben heute die normalen Qualitätsweine probiert. Ich war erstaunt, wie gut sie sich teilweise präsentieren und welche Stabilität sie aufweisen. Die Frische und Präsenz der sogenannten kleinen Weine war beeindruckend. Das hat uns aufgezeigt, dass Vollrads ein besonderes Weingut ist, für das es sich lohnt, Engagement zu zeigen." Diese Episode zeigt, dass auch mit dem neuen Besitzer die Kontinuität eines außergewöhnlichen Weingutes gesichert zu sein scheint. Das einmalige Gebäudeensemble und ein herausragendes Weingut mit großer Geschichte bleiben dem Rheingau und der deutschen Weinwirtschaft erhalten.

1977 versprach Graf Erwein seinem Gärtner Karl-Heinz Bergmann bei dessen Heirat: „Es wird ja jetzt alles neu, Sie kriegen als erster eine neue Wohnung." Pläne gab es damals schon – aber erst 2007, nach 30 Jahren, konnten sie umgesetzt werden. Statt einer Wohnung im zweiten Stock mit Ölofen zieht Bergmann in den ersten Stock mit Zentralheizung. Die Sanierung und der Erhalt der Gebäude bleibt auch für die Zukunft eine große Aufgabe.

Schon der Banker Gustav Adolf Schaeling schätzte Vollrads als „Monument der deutschen Weinkultur" und konnte nicht verstehen, dass sich so wenige für dieses Kleinod interessierten. „Für einen Picasso zahlt man ohne weiteres 50 Millionen!" Die Mona Lisa unter den deutschen Weingütern bleibt dank des Engagements einer Sparkasse und eines motivierten Teams ein Schmuckstück der internationalen Weinszene.

Die Vollradser Belegschaft und der Rheingau haben ihren Frieden gemacht mit der veränderten Situation und vertrauen auf eine gesicherte Zukunft des Juwels Schloss Vollrads. Das Erbe und der Mythos des Wein-Grafen bleiben bestehen: Es vergeht kaum ein Tag, an dem nicht einer der Mitarbeiter den Grafen über den Hof gehen sieht.

Nachwort

Eine Recherche über Graf Erwein berührt die Rheingauer Seele. Manche haben das Gefühl, dass der Rheingau nach dem Tod des Grafen in eine Art „Schockstarre" verfallen ist. Es war für die Region nicht einfach, den Verlust ihrer Galionsfigur zu verarbeiten.

Mit diesem Buch möchte ich einen Beitrag zur Diskussion über die Verdienste von Graf Erwein für den deutschen Wein leisten und dazu beitragen, dass der Wein-Graf im Rheingau eine ihm angemessene Würdigung erfährt.

2007, zehn Jahre nach Erweins Tod, hat Wilhelm Weil vom Weingut Robert Weil zum Gedenken an den Grafen eine 3,50 Meter hohe und rund 1,5 Tonnen schwere Lichtsäule aus Eifelbasalt gestiftet. Wilhelm Weil erinnerte in seiner Rede bei der Enthüllung daran, dass Matuschka mit viel Herz sowohl für die Kultur des Rheingaus als auch für seine Weine gekämpft hat. Uneigennützig habe er nicht nur Enormes für den Rheingauer, sondern auch für den deutschen Weinbau geleistet: „Er war für mich in vieler Hinsicht ein großes Vorbild." Deshalb habe er sich dazu entschlossen, zu seiner Erinnerung die Lichtsäule in der Weinlage Turmberg errichten zu lassen, „die in den nächsten Jahrhunderten an diesen großen Rheingauer erinnern soll." Den Platz dazu habe er ausgewählt, weil er dort vor ungefähr zwanzig Jahren mit dem Grafen die Schönheit des gotischen Weindorfes Kiedrich bewundert habe.

Eine Lichtsäule scheint mir eine würdige Erinnerung an eine Lichtgestalt der deutschen Weinszene zu sein.

Wolfgang Junglas

Der Autor

Wolfgang Junglas, geboren 1955, stammt aus der Eifel. Seit 1980 wohnt er im Rheingau – mit Blick auf Schloss Vollrads. Nach dem Studium der Soziologie in Frankfurt arbeitet er seit 1985 als fester freier TV Redakteur – zuerst beim ZDF, dann beim SWR in Mainz. Zuständig in der Fernsehunterhaltung für Genussthemen hat er Sendungen wie *Fröhlicher Weinberg, Lafers Himmel un Erd, Mit Johann Lafer um die Welt, Deutschlands beste Weine mit Frank Elstner* und *Wahl der Deutschen Weinkönigin* entwickelt und betreut. Der Weinjournalist und Restaurantkritiker ist Vorsitzender des Weinjournalistenvereins Weinfeder e.V., Autor der TV-Serie *Landgasthöfe in Rheinland-Pfalz* und arbeitet als Moderator und TV-Produzent. Der Autor zahlreicher Bücher (*Das große Buch vom Sekt, 60 Jahre Deutsche Weinköniginnen, Weinkompass Rheingau. Die 50 besten Straußwirtschaften und Gutsschänken*) veranstaltet in der Brentanoscheune in Oestrich-Winkel das Bühnenprogramm der Rheingauer Wein Bühne und ist Mitbegründer des Rheingauer Kulturnetzwerkes.

Zeittafel

997 Bis zu diesem Jahr lässt sich der Stammbaum der Familie Greiffenclau zurückverfolgen. Ursprünglich bewohnte sie das Graue Haus in Winkel, das als ältestes steinernes Wohnhaus Deutschlands gilt.
1211 Erster urkundlich belegter Weinverkauf an das St. Viktorstift in Mainz.
1330 Auf römischen Fundamenten entsteht der Wohnturm, der für mehr als drei Jahrhunderte zum Wohnsitz der Familie.
1525 Friedrich von Greiffenclau unterstützt die Rheingauer Bauern beim Bauernaufstand auf der Wacholderheide.
1650 Erweiterung der Schlossanlage durch Bau des Kavalierhauses.
1684 Bau des Herrenhauses und der Kelleranlagen für das Weingut.
1716 Erstmalige urkundliche Erwähnung des Cabinetkellers.
1814 Goethe besucht Schloss Vollrads.
1897 Schloss Vollrads ist Gründungsmitglied des VDP – Verband Deutscher Prädikatsweingüter.
1907 Erweiterung des Herrenhauses, Neugestaltung der Gärten.
1925 – 1933 und **1949 – 1963** Richard Graf Matuschka-Greiffenclau ist Präsident des Rheingauer Weinbauverbandes.
1950 – 1964 Richard Graf Matuschka-Greiffenclau ist Präsident des Deutschen Weinbauverbandes.
1975 Nach dem Tod von Graf Richard übernimmt Erwein Graf Matuschka-Greiffenclau Schloss Vollrads.
1978 – 1990 Erwein Graf Matuschka-Greiffenclau ist Präsident des VDP.
1990 – 1997 Erwein Graf Matuschka-Greiffenclau ist Präsident des Rheingauer Weinbauverbandes.
1997 Mit dem Tod von Erwein Graf Matuschka-Greiffenclau endet die Familien-Ära des Weinguts auf Schloss Vollrads.
1999 Schloss und Weingut gehen in den Besitz der Nassauischen Sparkasse über, die beides als historische Einheit fortführt. Dr. Rowald Hepp wird Geschäftsführer.
2011 800 Jahre Weinverkaufsjubiläum auf Schloss Vollrads.
2016 300 Jahre Cabinet Wein.

QUELLENVERZEICHNIS:

Deckers, Daniel: *Im Zeichen des Trauben Adlers – Mainz 2010*
Dohm, Horst: *Weingüter in Deutschland – Neustadt 1985*
Fischer, Christina: *Wein & Speisen – Köln 2009*
Kratz, Dr. Werner: *Schloss Vollrads und das Geschlecht der Reichsfreiherren von Greiffenclau / Rheingauer Heimatbrief 53 / 1965*
Witte, Hedwig: *Berühmte Rheingauer / Frankfurt, 1984*
Witte, Hedwig: *Rheingauer Gestalten / Geisenheim, 1991*
RHEINGAU ECHO / *Geisenheim / 9. 10. 2014*
STERN *36/1997 – 28.8.1997 S. 122 ff*
VINUM *1/2 1996 / S.*
DER SPIEGEL *08/1995 – 20.02.1995*
ARD EXKLUSIV: *Tod im Weinberg / 18.09.1998*

ANHANG

Transkript des Abschiedsbriefes

An die Öffentlichkeit!
Ich habe kaufmännische Fehler gemacht. Nicht mehr und nicht weniger. Dafür muß ich bezahlen.
Daß diejenigen, die mir meinen Besitz nehmen, erst meine Arbeit und mein Leben mit Lügen und Verleumdungen immer wieder in den Dreck gezogen haben und mir so keine Chance der Erholung ließen, macht mich sehr betroffen.
Trotzdem war in diesem Jahr ein wirklich seriöses Sanierungskonzept entstanden, daß mit deutlich verbesserten Ergebnissen untermauert wurde. Ich bin erschüttert, daß dies nicht Gegenstand der Verhandlungen ist, sondern mit der Einleitung des Konkursverfahrens beantworet wurde ohne Vorankündigung.
Ich war angetreten, um den Familienbesitz zu erhalten. Mit Frau Nikolai fand ich unerhört engagierte und kluge Unterstützung. Unsere besten Mitarbeiter sind geblieben und haben loyal angepackt. Der Turnaround war deutlich sichtbar. Ich verstehe es nicht. Mein Lebernswerk und damit er Sinn meines Lebens sind zerbrochen..
Ich möchte in aller Stille beerdigt werden. Außer meiner über alles geliebten Jutta Nikolai und ihrer großartigen Familie, natürlich meiner lieben Tochter Francesca, meinem Freund Klaus Nieding, der für mich immer da war und mir in allen Lebenslagen geholfen hat und allen Mitarbeitern, denen ich nochmals für ihre Loyalität und engagierte Arbeit danke, möchte ich niemanden an meinem Grab haben, keine Grabreden, keine Kränze, keine Blumen, keine Anzeigen, keine Nachrufe, keine Gedenkminuten. Bitte teilt dies allen mit!!! Ich hoffe sehr, daß alle den Anstand haben, diesen meinen letzten Wunsch zu respektieren!
Schloss Vollrads, den 18. August 97

Graf Matuschka-Greiffenclau

Personenregister